JN254061

あなたもできる
デジカメ天文学
"マカリ"パーフェクト・マニュアル
鈴木文二・洞口俊博 編
恒星社厚生閣

はじめに

夜空を見上げると，数え切れない星々が私たちに語りかけてきます．その言葉の聴きとり方には，いろいろな方法があります．最初は，優れた視力をもつ観測者が，ていねいなスケッチを残しました．望遠鏡が発明されてからも，変わらず人間の眼が光をうける装置でした．

それが劇的に変わったのは，写真が発明された時でした．当初は真昼の風景を写すために，20分ほど時間がかかるという低感度でしたが，改良が重ねられて天体を写せるようになりました．初めての天体写真は，数時間かけても淡くかすかに写る程度でした．しかし写真の登場によって，人の主観に左右されず科学的に測定できる時代を迎えたのです．写真の優れている点は，写った天体の位置が正確に測れるだけではありません．ヨウ化銀の化学反応によって画像を作り出す写真は，明るさに応じ黒さを増します．これによって天体の明るさを測ることができるようになったのです．やがて，天体からの光をスペクトルに分けて記録・測定もできるようにもなりました．そして，ヨウ化銀は塩化銀に変わって，さらにカラー写真を生み出すまでになりました．

最近の大きな変化は，電子技術による写真です．CCDカメラというデジタル機器が天体観測に革命を起こしました．光の強さに応じて生じる電気信号を，画像として保存することができるようになったのです．デジタル化された画像は，コンピュータ上で解析ができるようになりました．初期のCCDカメラは高価で大きな装置で，個人が持てる機器ではありませんでしたが，ここでもうひとつの革命が起こりました．フィルムカメラからデジタルカメラへの進化です．その速度は，秒進分歩といわれるほど早く，もはや天体写真専用カメラと肩を並べる高感度，高画素です．

スナップ写真のように天体写真が撮れる時代がやってきました．いままでの天体写真と大きく異なる点は，画像解析ソフトを使用することによって，だれでも簡単に測定ができるようになったことです．私たちは，デジタル化した天体画像の活用方法を，10年間にわたって研究してきました．急速に進歩したデジタルカメラは，教育・普及に携わる人々，自然を科学しようとする人々にとって，簡単に測定可能な画像を得られる機会を提供します．宇宙に関するさまざまな事実を，自分で撮った画像を使って調べることができるのです．その魅力，楽しさを知ってもらうために本書は刊行されました．「マカリ」は，天体画像解析ソフトとして，プロ級の画像解析ができる能力があり，現在最も多くの人に使われています．天文教育普及目的であれば，誰でも自由に使える無償のソフトです．本書はその使い方のすべてを解説しています．

鈴木文二

あなたもできるデジカメ天文学

"マカリ"パーフェクト・マニュアル

CONTENTS

第3章　デジタル・アストロノミー

第4章　天体写真からこんなこともわかる!

第5章 “マカリ”パーフェクト・マニュアル

第1章

天体写真から こんなことがわかる

21 世紀の現在，私たちはいろいろなメディアを通じて
最新の天文ニュースを得ることができます．
しかし宇宙に関する情報は受け取るだけではつまりません．
皆さんが持っているデジタルカメラは，
皆さんが想像する以上に天体の姿を捉える力があります．
さまざまな天体を撮影し，あなた自身で宇宙を感じてみましょう！

1 月の大きさはどれくらい変わる？

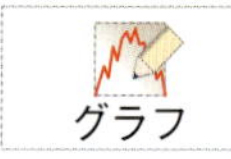

皆さんはスーパームーンという言葉を聞いたことがあるでしょうか？　満月は１年の間に何度もありますが，その中でも月の大きさが特に大きいときの満月をスーパームーンと呼んでいます．月の大きさが変わるのはどうしてでしょう？　どのくらい変化するのでしょうか？　自分で月を撮影して，その大きさを比べてみましょう．

1．これだけ違う２つの月

図1-1の２枚の写真は，2014年の８月11日と翌年の２月３日に撮影した満月の写真です．同じ満月でも大きさがかなり異なることがわかります．写真にものさしをあてて測ってもよいのですが，天体画像解析ソフト「マカリ」を使うともっと正確に大きさを調べることができます．図1-2は，マカリのグラフ機能(p.87)を使って月の大きさを測っているところです．(1)まず水平方向にグラフ機能の直線を引き，両端のx座標から真ん中のx座標(x_0)を求めます．(2)同じく垂直方向に線を引いて，y_0を求めます．(3)最後に月の中心(x_0, y_0)から水平に線を引いて月の端まで何ピクセルあるかを測り，月の半径を求めます．この方法で実際に測ってみると，８月11日は770ピクセル，２月３日は682ピクセルという値が得られました．月の大きさは9%も変化していることがこのことからわかります．

月の大きさは満月でなくとも求めることができます．月が欠けているときでも，欠けていない方の丸い部分を使えば上と同じ方法で月の中心を求め，そこから端までの長さ（半径）を測ることができます．満月にこだわらず，満ち欠けとともに大きさがどう変化するか，２～３週間追いかけてみるのも，おもしろいでしょう．

図1-1 2014年８月11日の満月（左）と2015年２月３日の満月（右）
撮影データについてはp.120参照

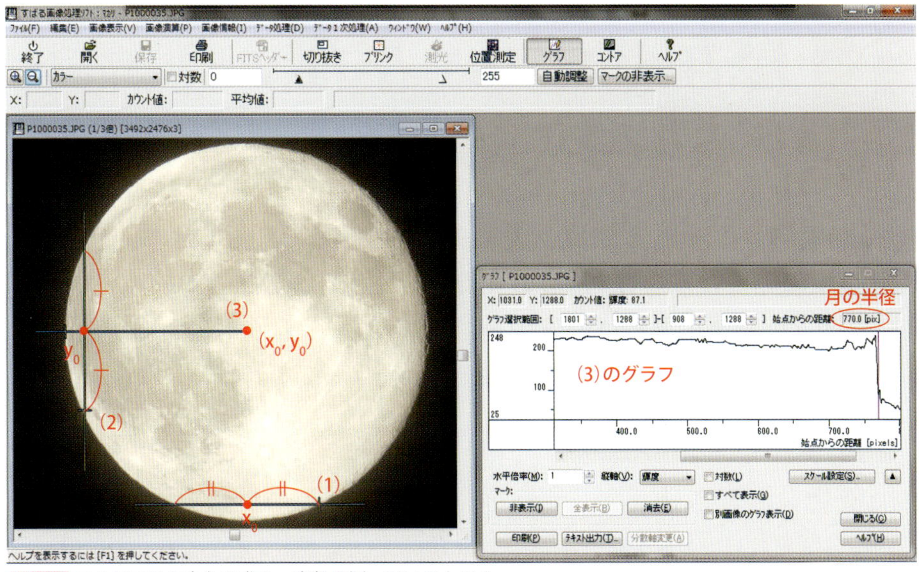

図 1-2 マカリで月の中心を求め，半径を測っているところ

2. どうして大きさが変わる？

月の大きさはどうして大きくなったり小さくなったりするのでしょうか？　それは地球をまわる月の軌道がまん丸ではなく楕円形をしているからです．月がもっとも地球に近いときと遠いときの大きさを比べれば，軌道がどのくらいつぶれた楕円をしているか(離心率という数字で表されます)も求めることができます．

いつ月が地球に近くなるか遠くなるかは，国立天文台暦計算室，暦象年表の天象のページ[*1]で「月」をチェックし，月の「最近」と「最遠」を選んで「表示」ボタンを押すと表示されます．月と地球の平均距離を１としたときの距離も合わせて表示されるので，それを見ると，だいたい±５～６%変化していることがわかります．少しくらい日が違ってもかまいませんので，大きめのときと小さめのときをねらって写真を撮り，その大きさを自分で比べてみましょう．

3. 撮影のポイント

月はできるだけ望遠で拡大して撮りたいところです．大きく写せば写すほど月のピクセル数が大きくなり，変化の度合いもはっきりと求めることができるからです．拡大するとそれだけ写真もぶれやすくなりますので，ブレない工夫(p.20)をして撮影しましょう．

月の大きさの変化は，日食が皆既日食になったり金環日食になったりすることにも関係しています．月と同じズーム倍率で，p.27 を参考に太陽を撮影し，大きさを比べてみましょう．また，太陽の大きさの方も，1 年の間に変化するので，そのようすを調べるのもおもしろいです．

[*1] http://eco.mtk.nao.ac.jp/cgi-bin/koyomi/cande/phenomena.cgi

2 惑星(金星・水星)の動きを捉える

惑星の金星や水星は地球よりも太陽に近い軌道を公転しています．そのため動きが速く，簡単に見かけの運動(位置の変化)を捉えることができます．マカリのブリンク機能を使って，惑星の見かけの運動を見てみましょう．

1. 動く天体を捉える

ブリンクとは，2 枚以上の画像を一定時間ごとに切り替えて表示する仕組みです(p.91)．同じ背景の画像をブリンクしながら表示すると，その中で位置が変化したものだけが動いて見えます．金星や水星は夕方，あるいは明け方に姿を現し，見かけの位置が速く変わります．風景といっしょに撮影した画像を比べることによって，どのように動いているのかを確かめることができます．「惑(まど)う星」と書く惑星の意味が見えてきます．

2. 撮影のポイント

日没後 30 分，あるいは日の出前 30 分というふうに時間を決めて，金星や水星と風景を同時に撮影します．同じ場所で同じ方向の写真を撮ることがポイントです．できれば遠くの建物や樹木など比較になるものがいっしょに写るように撮影しましょう．何日か日をおいて撮影すると，風景に対し金星や水星が移動していくようすを捉えることができます．

カメラの設定は次のようにします．ズーム：風景と天体が十分余裕をもって写るように焦点距離を決めます．この焦点距離は変えてはいけません．広角側，望遠側いっぱいに寄せておくと確実です．金星の場合は広角，水星の場合は望遠でも可です．露出：夕焼けが濃く映るモードやオート撮影で撮ってみましょう．

カメラを三脚に取り付け(p.20)，惑星の方向に向けます．太陽が沈んだ(あるいは太陽が昇ってくる)方向

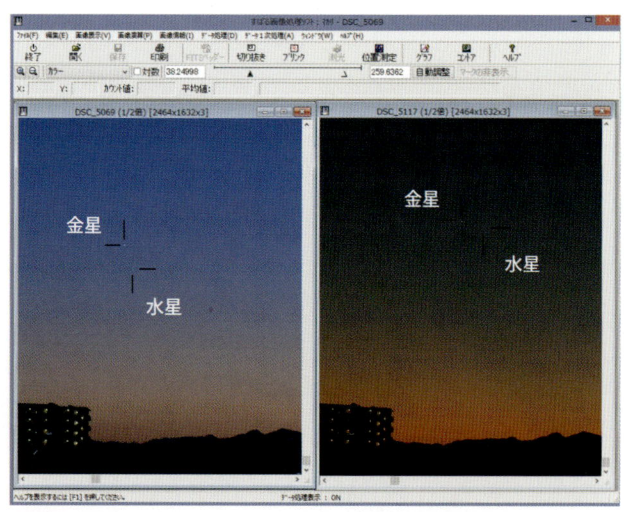

図 1-3 2015 年 1 月 8 日と 1 月 12 日の日没 40 分後の画像
このように比べるだけでも金星と水星の動きがわかります．

より少し南に向けます．風景が同じになるように，画面の水平にも注意しながら，建物や樹木，電線などを参考に撮影範囲を決めて撮影しましょう．三脚を立てる場所に印をつけておくと，次回の撮影に便利です．金星や水星が写っていることを確認しておくことを忘れないようにしてください．金星は週に1回程度で2～3カ月，水星は動きが速いので，晴れたときにできるだけ毎日撮影します．図1-3は日をあけて撮影した金星と水星の画像です．金星の最大光度，金星・水星の東方最大離角，西方最大離角の前後がお奨めの時期になります．

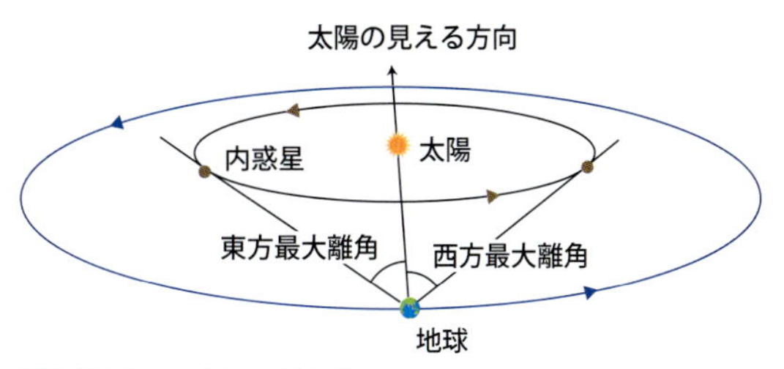

図1-4 金星・水星の最大離角
金星・水星のような内惑星は太陽から離れて見えるときが観測の好機です．

3. ブリンクで惑星の動きをみよう

画像が撮影できたら，マカリに読み込み，動きを調べてみましょう．たくさんの画像を一度に読み込んで，いっせいにブリンクさせてみることもできますが，画像がずれていると調整に手間取ります．最初は2枚の画像を使って操作に慣れることをお勧めします．画像の位置調整(p.92)をして，風景がずれ動くことがなくなったらOKです．さあ，惑星の動きが見えましたか？

4. 惑星の見かけの運動

どの方向に動いているのかは，初日の画像のプリントアウトに動いて見えた方向を矢印などで記入するとわかりやすいです．何日も観測できていれば，隣り合う日付どうしの動きを調べて矢印をつないでいくと，惑星の動きが見えてきます．惑星と太陽の見かけの距離と，太陽が沈む(または昇る)位置の変化との組み合わせで，結構複雑な動きをすることがわかります．また，月やそのほかの惑星などが同時に写る時期をねらうと，動きの違いを見てとることができます．

この方法はここで取り上げた天体だけではなく，火星，木星，土星といった地球軌道の外側を回る外惑星にも使うことができます．これらの天体と恒星を合わせて撮影すれば，恒星の間を移動していくようすを見ることができます．彗星や小惑星の発見にも基本的にはこの方法が使われています．

惑星の見かけの運動は，惑星の公転運動に，惑星を観測している私たちがいる地球の公転の影響が加わって生じています．地球の公転によって太陽が移動していく天球上の道筋を黄道といいます．惑星はこの黄道に沿うように動いていきます．この方法を使えば，黄道の大まかな位置を捉えることもできます．

日の出や日没の時刻は『理科年表』，『天文年鑑』，新聞のこよみ欄などで知ることができます．また，国立天文台暦計算室の暦象年表のページ http://eco.mtk.nao.ac.jp/koyomi/cande/ にアクセスすると，それらのほかに，惑星の出没時刻や最大離角，最大光度の日時なども調べることができます．

3 日周運動をはかる

星空を観察すると，星は北極星を中心に東から昇り西へ沈んでいくように見えます．日周運動です．これは地球の自転に伴う見かけの動きです．星空はどのくらいの速さで回っているのか（地球はどのくらいの速さで回っているのか），デジタルカメラで北極星のまわりを撮影して調べてみましょう．

1．日周運動の撮影

日周運動は時間をおいて撮影した2枚の画像を比べることでもわかりますが，ここでは日周運動が星の光跡となるように画像を撮影し，それをマカリで調べてみたいと思います．

撮影方法としては，シャッターをバルブ(p.24)に設定して数分以上の露出時間をかける方法と，10～30秒程度の露出を複数回，適当な間隔で数分以上続けて行う方法が考えられます．前者の撮影には，レリーズが必要です(p.21)．図1-5はこの方法で撮影したものです．

後者の撮影を行う場合は，自動でインターバル撮影ができると非常に便利です．手動でシャッターを切る場合はレリーズが必要になります．撮影中カメラが動いたりしないように，三脚などにしっかり固定します(p.20)．撮影モードをマニュアル(M)にすると露出時間を自由に設定できるので，いろいろな露出時間でテストしてみましょう．30秒以下の露出時間でも，肉眼で見える星よりはるかに多くの星が写ります．短時間の露出だと背景が明るくなりすぎないので，明るい街中でも，十分たくさんの星を写すことができます．星は点に写りますが，比較明合成(p.25)という方法を使って撮影した写真を複数合成すると，図1-5と

図1-5 北極星を中心とした日周運動（露出時間10分）
北極星の上に北斗七星が見える

同じような画像を作ることができます.

2. 北の空の動きを測ってみよう

(1) 前ページの方法で, 北極星を中心に光跡が写った画像を撮影します. マカリの切り抜き機能(p.105)を使って, 光跡の中心(北極星ではなく)が画像の中心となるように画像を切り抜きます. 作業用にコピー画像をもう1枚用意します(図1-6).

(2) マカリの画像演算(p.106)の加算機能を使って2枚を重ね, [回転] の角度を調節して, 2枚の日周運動の光跡がつながるようにコピー画像を回転させます(図1-7). 画像の中心が光跡の中心とずれているとうまくつながらないので, そのときは [移動] のボタンで画像を上下左右に移動させて位置合わせを行います.

(3) つながったときの回転角が, 撮影時間内の日周運動(地球の自転角度)になります. この例では, 10分間で2.5度の回転でしたので, 1時間で15度回転することがわかります. 撮影時間を延ばすほど精度を上げることができます.

図1-6 北極星を中心に切り抜いた画像とそのコピー画像

図1-7 画像演算で重ね合わせた画像

3. 試してみよう

画像の中心を完全に北極星と一致させると, 画像を回転させても微妙な「ズレ」が生じます. このことから, 地球の自転軸の向きと北極星が正確には一致していないことがわかります.

東・南・西の空を撮影すると, 日周運動で方角によって星がどの向きに移動していくかがよくわかります.「惑星の動きを捉える」と同じように, 日にちをおいて同じ場所から, 同じ時刻・同じ方向を撮影すると, 地球の公転による星の動きを確かめることもできるでしょう.

4 すばるの大きさは何光年？

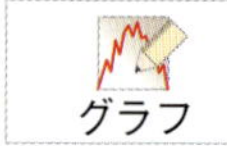

「星はすばる」と枕草子にも書かれたすばるは，おうし座にある星の集まりで，プレアデス星団とも呼ばれています．冬はほぼ一晩中，夏でも明け方近くになれば東の空に見ることができます．宇宙の中で1つのガスのかたまりからいっしょに生まれた星の集まりで，小さくまとまって光っていますが，実際はどのくらいの空間に集まっているのでしょう？　マカリを使って測ってみましょう．

1．まずは何ピクセル？

すばるは図1-8のような星の集まりです．どこまでがすばるの中，どこからが外という境目があるわけではありませんから，大きさといってもだいたいのものになります．とりあえず図1-9のAからBまでの長さを測ってみましょう．何ピクセルあるかは，マウスをAにおいたときのx座標(940)とBにおいたときのx座標(2600)から求めることができます．ここでは2600 − 940 = 1660ピクセルということがわかりました．

図1-8　おうし座の散開星団すばる
数十個の星が群をなして光っている

斜めの位置になっている2点の距離を求めたい場合は，それぞれのx座標とy座標から三平方の定理で計算することができます．また図1-9のように，グラフ機能の「始点からの距離」を使って測ることもできます．

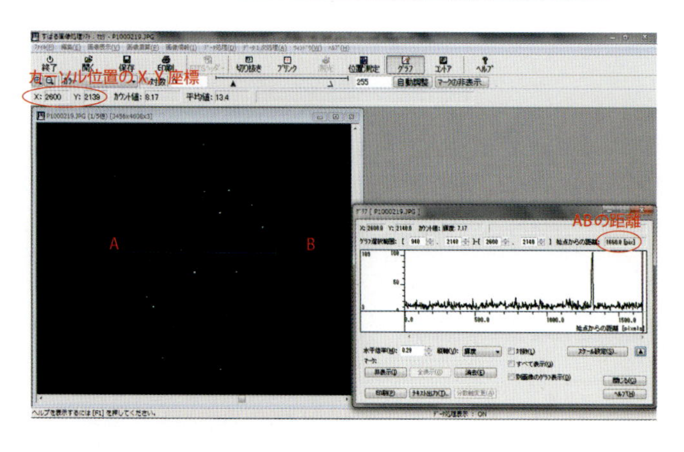

図1-9　マカリですばるの差し渡しを測っているところ

2. 見かけの大きさから実際の大きさへ

先ほど測った何ピクセルという数字は，撮影するときの拡大率によって大きくなったり小さくなったりします．空にどのくらいの大きさで見えているか，それが「見かけの大きさ」になります．地平線を0度とすると頭の真上は90度になりますが，図1-10のように見かけの大きさも角度で表されます．ピクセル数はp.35に書かれている画角の計算をもとに，見かけの大きさに換算することができます．図1-9の写真では画角3.1度の画像が4608ピクセルの画像になっていたので，A－Bの距離(1660ピクセル)は1.1度ということになります．

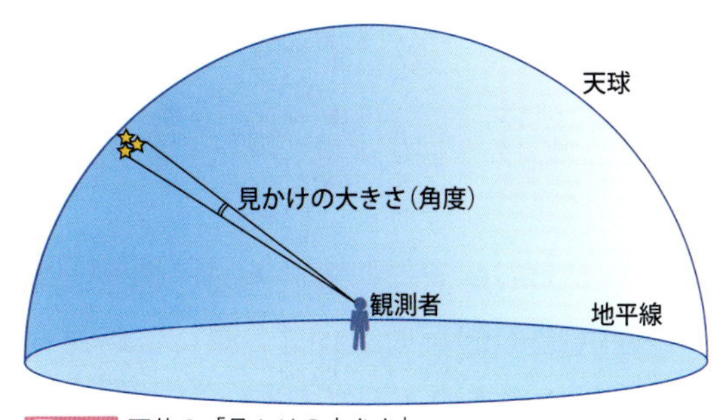

図1-10 天体の「見かけの大きさ」

さて，いよいよすばるの実際の大きさです．見かけの大きさから実際の大きさを求めるには，距離が必要になります．この3つの間には次のような関係があります．

$$(\text{実際の大きさ}) = 2 \times 3.14 \times (\text{距離}) \times \frac{(\text{見かけの大きさ})[\text{度}]}{360}$$

図1-11のように，天体までの距離が十分大きく，見かけの大きさが十分小さいときは，$\overset{\frown}{AB}$の長さは$\overline{AB}$の長さに等しいと考えられるからです．すばるまでの距離を408光年とすると，上の式からすばるを作っている星の広がりは約8光年ということがわかります．ちなみに，太陽の隣の恒星ケンタウルス座α星までの距離は4.3光年ですから，すばるの中はとても星が混み合っていることがわかります．すばるのような星団のことを散開星団といいますが，散開星団の中の星は時間がたつとともにしだいに銀河系の中に散らばっていくと考えられています．

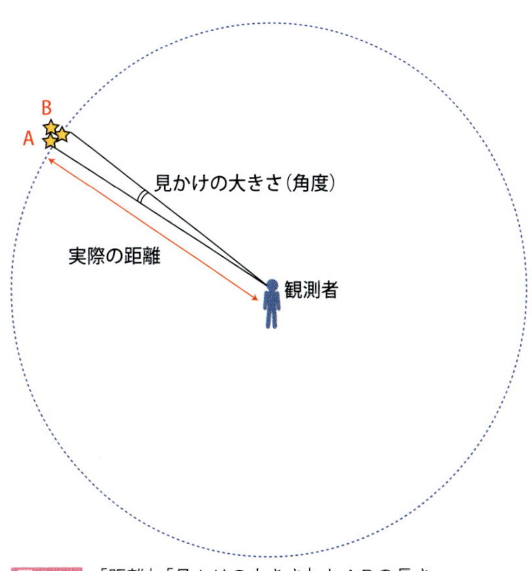

図1-11 「距離」「見かけの大きさ」とABの長さ

ここで紹介した方法は，すばるだけでなくオリオン大星雲の大きさや長くのびた彗星の尾の長さなど，さまざまな天体に応用できます．上の式は，見かけの大きさと距離から実際の大きさを求めるだけでなく，実際の大きさがわかっている天体について，見かけの大きさから距離を求めたり，実際の大きさと距離から，見かけの大きさがどのくらいになるかを求めたりするときにも用いることができます．

5 オリオン大星雲の明るさ分布

夜空に輝く星座を作る星々は，恒星と呼ばれます．恒星までの距離はとても遠いので，望遠鏡の倍率を上げても点にしか見えません．しかし，夜空には恒星だけでなく，星雲と呼ばれるガスのかたまり，突然に現れる彗星など，さまざまな形をしている広がった天体も存在しています．その形をコントアという道具を使って調べてみましょう．

1．星雲を撮ってみよう

オリオン大星雲(M42)は，オリオン座の三ツ星の少し南に肉眼でも見える明るい星雲です．デジタルカメラの感度を高く設定すると，1秒程度の露出で写ってしまうほどです．200mm程度の焦点距離で図1-12のように撮影することができます．

カメラの液晶画面では心細いような画像も，マカリで表示してみると，意外に細かい構造まで写っているのに驚きます(図1-13)．表示の拡大・縮小は，ボタン(+，－)で行うことができます(p.85)．ファイルを読み込むと，画像の中央付近が表示されるので，星雲を写すときに，できるだけ真ん中に入れて撮影するとよいでしょう．

視野の端になってしまった場合は，切り抜き機能(p.105)を使いましょう．対象天体が中心になるように，マウスの左ボタンを押してドラッグ，矩形を描くだけです．

図1-12 オリオン大星雲M42（露出時間1秒）

図1-13 拡大表示したM42

2．コントアを描こう

星雲や彗星などの広がった天体は，マカリのコントア機能(p.95)を使うと，明るさの分布がわかります．明るさの等しい点をつなぎ，地図の等高線のように描かれるのがコントアです．「等光度線」とも呼ばれます．

ツールバーの「コントア」アイコンをクリックすると，すぐにコントアが表示されます(図1-14)．次に，ダイアログボックスの「OK」ボタンをクリックすると処理が始まります．画面に表示されている以外の部分まで処理するため，少し時間がかかります．画像を切り取って必要な部分だけにしておくと，その分処理が速くなります．

コントアを作成するコツを，いくつかあげてみましょう．

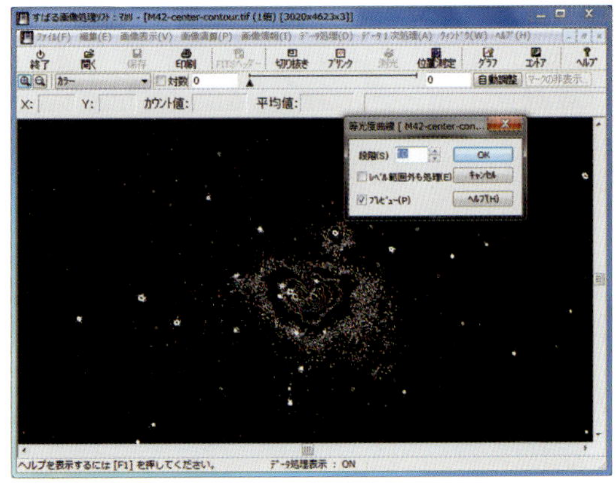

図 1-14 コントア画像の作成

(1) コントアを描く明るさの段階は，ダイアログボックスの初期設定では，10段階になっています．マカリは画像全体の明るさから判断して，自動的にコントアを描いてくれます．この段階の数を変えるには，▲▼をクリックします．ただし，画像をJPEG形式で保存している場合は，数字を大きくしてもあまり効果は現れません．JPEG画像は明るさを256段階で表現しているため，コントアの段階を細かくしても限度があるからです．

(2) 元の画像がカラーでも，コントア画像は白黒です．黒い画像に白いコントアでは，あまり見映えがよくありません．そこで，メニューの「カラー」タブをクリックして，「カラー(反転)」を選ぶと，白地に黒いコントアの画像が得られます(図1-15)．

(3) コントアボタンを押してもすぐに結果が表示されず，ダイアログボックスが出てくることがあります．これは，ボックス内の「プレビュー」にチェックが入っていないときに起こります．

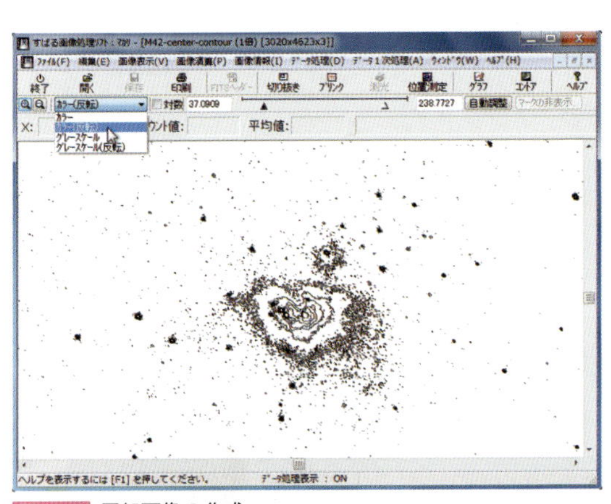

図 1-15 反転画像の作成

オリオン大星雲の輝きのもとは，中心にある4個の高温の恒星です．コントアもそれを中心に広がっていることがわかります．デジタルカメラでは，RGBの3色でカラー画像を作っています．それぞれでコントアを作ってみると形が異なることがわかります．R画像はおもに水素のHα線，G画像は酸素の強い輝線が含まれています．デジタルカメラで得られるRAW画像をFITS形式に変換することができれば，明るさが16,000段階以上の細かさで保存されるので，さらに詳しいコントアを描くことができます．

6 アンドロメダ銀河の傾きは?

グラフ

アンドロメダ銀河(M31)の名前は誰もが聞いたことがあると思います. 私たちの銀河系の隣にあるもっとも有名な渦巻銀河, M31が私たちに対してどのような傾きをもっているか, マカリを使って測ってみましょう.

1. 渦巻銀河の形と傾き

渦巻銀河は, バルジと呼ばれる中心部のぼうっとした核のまわりを薄い円盤(ディスク)が取り囲む形をしています(図1-16). 渦巻状の腕はディスクの中で星の密度が特に高いところです. バルジやディスクを球状に大きく取り囲むハローの中には球状星団などの天体がありますが, 私たちがふつうに見る渦巻銀河のイメージは, バルジとディスクの部分になります. 渦巻銀河の傾きは, ディスクの部分がどのくらい楕円形に見えているかで調べることができます.

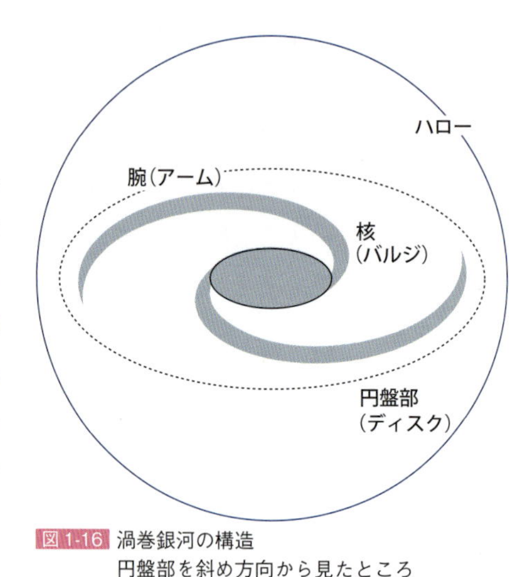

図1-16 渦巻銀河の構造
円盤部を斜め方向から見たところ

2. M31の撮影

銀河の光は非常に淡いので, 月明かりや薄雲のない, 空がきれいなときを選んで撮影しましょう. できれば市街地を避けるのが望ましいですが, 大都市の市街地以外であれば意外と写るものです.

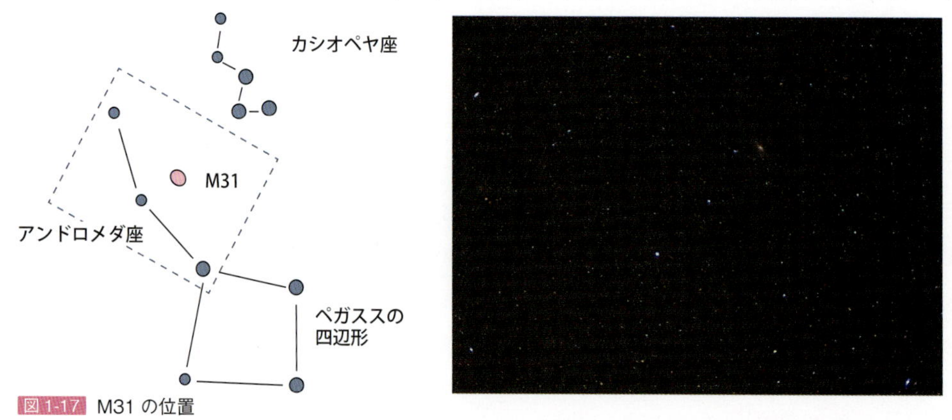

図1-17 M31の位置
右の写真は左の図の破線で示した範囲を撮影したもの. 細長いぼやっとした形の天体がM31.

地平線近くにあるときは避け，夏の夜半過ぎから秋の夜半前の撮影しやすい高度にある時間帯に，図 1-17 のような位置をねらって撮影してみましょう．

3. 円盤の長径と短径を測ろう

M31 のディスクがどのくらい傾いて見えるかを調べるために，マカリのグラフ機能(p.87)を使って，撮影した M31 の長径と短径(楕円の長い方と短い方のさしわたし)を測ってみましょう．

(1) M31 の画像をマカリで開いたら，M31 がある程度大きく見えるようにズームボタンを使って調整し，さらにレベル調整スライドバーの▲△を使って横に伸びた腕が見やすくなるように調整します(p.85)．

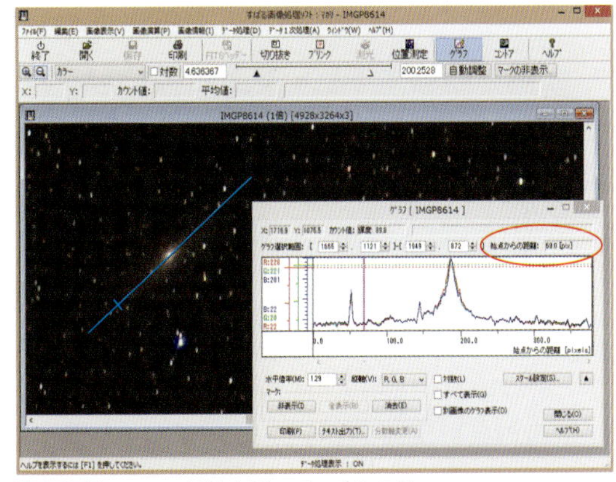

図 1-18 M31 の長径を測っているところ

(2) まずは M31 の長径にそってマウスをドラッグし，グラフを表示させます(図 1-18)．M31 の外側の暗い空の部分まで入るようにグラフを作ることがポイントです．グラフのカウント値が暗い空より上がり始める位置と元の暗い空に戻る位置，それぞれの「始点からの距離」をピクセル数で読み取り，差を取って D1 とします．ここでは 201 ピクセルでした．続いて短径を測定します．長径と直角方向に M31 の中心を貫くようにグラフを作ります．長径と同様に，明るくなり始める位置と元の暗さになる位置から D2 を求めます．値は 79 ピクセルでした．

4. M31 は何度傾いている？

本来は丸い形をしている銀河円盤が楕円形に見えるのは，図 1-19 のように，地球から見て傾いているからです．上で求めた D1，D2 から傾斜角 θ を作図で求めることができます．図 1-19 の左図のように，D2(短径)の幅で引いた 2 本の直線の間に，D1(長径)の長さの直線が収まるように傾けて引き，傾斜角 θ を分度器で読み取ります．三角関数の知識があれば，次のような式で傾斜角 θ を求めることができます(p.114)．

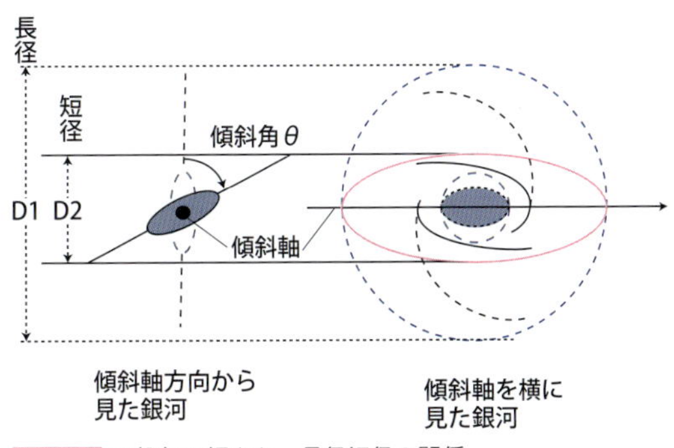

図 1-19 円盤部の傾きと，長径短径の関係

$$\cos\theta = \frac{D2}{D1} \quad \text{より} \quad \theta = \arccos\left(\frac{D2}{D1}\right)$$

arccos は，関数電卓では INV + COS キー，表計算ソフトでは ACOS 関数と DEGREES 関数などで計算できます．今回の例では 67 度となりました．

7 黒点の動きと太陽の自転周期

太陽を観察すると，表面に黒いしみのような黒点を見ることができます．東から西に毎日少しずつ動いていく黒点のようすを調べると，太陽が自転していることやその自転周期がわかります．少し細かな作業と計算が必要ですがチャレンジしてみましょう．

1．太陽黒点の撮影と観察

太陽の撮影にはフィルターを適切に使用するなど，安全のためさまざまな注意が必要ですが(p.27)，図 1-20 のように日食メガネをかけて見ただけでは見えないような小さな黒点まで写すことができます．光球の東の端に現れた黒点は 2 週間ほどかけて西の端に達して消えていきます．端の近くにある黒点は形が太陽の半径方向につぶれて見えることから，太陽の光球は円盤ではなく球体で，黒点はその表面にあることがわかります．

2．黒点の動きを調べよう

数日をおいて撮影した 2 つの画像を比べて黒点の動きを調べるためには，まずそれぞれの画像の東西方向をそろえる必要があります．東西方向を知る方法としては，撮影する際に数分おいて 2 枚画像を撮る方法が一般的です．日周運動でずれた 2 枚の画像(図1-21の1 と 2)をマカリの画像演算機能(加算)を用いて合成すると(p.107)，図 1-21 の(1＋2)のようになります．このずれた方向が画面上の西の方向ですから，今度はマカリの画像回転機能(p.106)を使って，2 枚の画像のズレの方向が(1＋2)’のように水平(X 軸方向)になるように画像(1＋2)を回転させます．このときの画像の回転角度分だ

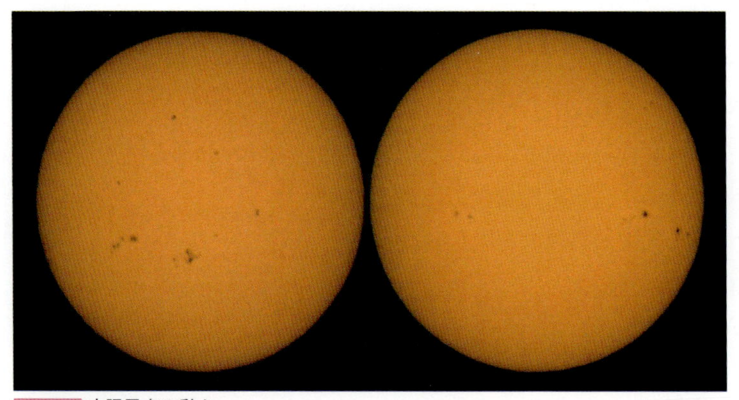

図 1-20 太陽黒点の動き
2014 年 12 月 17 日 14:55(左)，2014 年 12 月 25 日 13:26(右)
1/100,000 太陽観測用フィルターシート使用

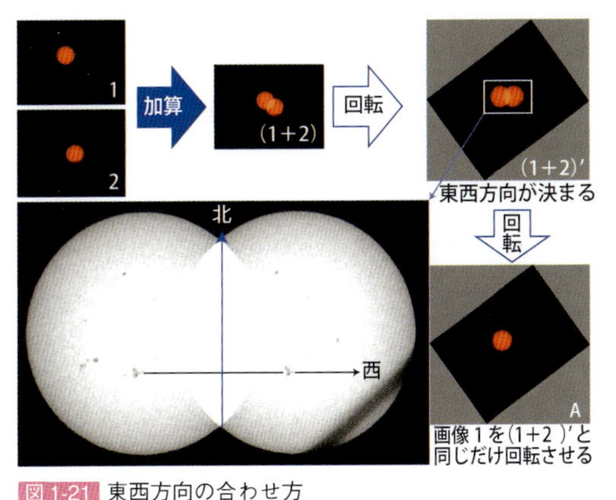

図 1-21 東西方向の合わせ方

図 1-22 太陽の自転のようす（図 1-20 の 2 画像の東西方向を合わせて重ねたもの）

け，元の画像 1（または 2）を回転させれば，東西方向を合わせたその日の観測画像(A)の完成です．同様に別の観測日の画像(図 1-20の右)についても，東西方向を水平に合わせた画像(B)を作成します．

東西方向を合わせた画像をマカリで開いてブリンク機能(p.91)で見てみると，図 1-22 のように太陽の自転によって移動していく黒点のようすが確認できます．移動した黒点を結ぶ線に垂直で光球の中心を通る直線がほぼ太陽の自転軸になります．

3. 自転の速さを調べよう

黒点あるいは太陽が 1 日あたり何度くらい回転していくかは，次のような手順で図 1-23 のような図を作ることによって調べることができます．

(1) 画像をマカリで開き，まず左右両端の x 座標(x_1 と x_2)を読んで太陽の半径 $R = (x_2 - x_1)/2$ を求めます．さらに，自転で移動した 2 枚の画像の黒点の位置座標(x_A, y_A)，(x_B, y_B)も読み取り，図 1-23 のようにグラフ用紙に作図します．黒点 AB を通る直線 CD が，太陽の自転により黒点が移動する小円の直径に相当します．O'C を半径(R')として光球の中心から円(青線)を描くと，この小円が自転軸の方向から見た黒点の移動経路になります．

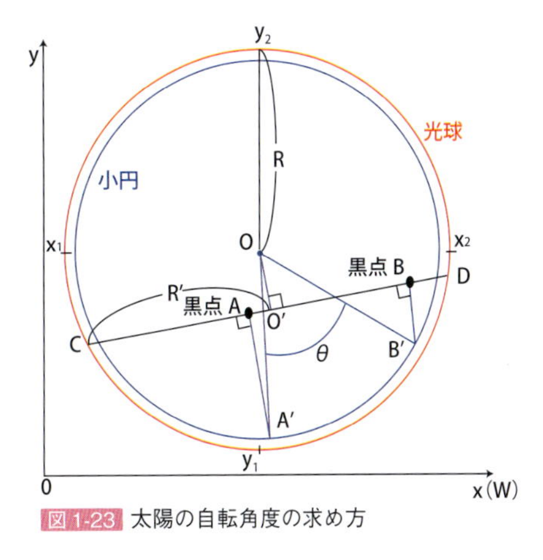

図 1-23 太陽の自転角度の求め方

(2) 黒点 A, B から青色の小円に向かって垂線を延ばし，交わった点 A', B'と光球中心 O のなす角∠ A'OB'を分度器などで測ります．この角度 θ が実際に太陽が自転した角度です．図 1-20 の画像ではこの角度は 105 度だったので，2 枚の撮影間隔 7.94 日より，地球からみた太陽の自転周期は 7.94 ／ 105 × 360 ＝ 27.2 日という値が得られました．

太陽の赤道から南北に離れた高緯度で黒点の自転周期を調べると，これよりも大きな自転周期が得られます．太陽はガス球であり，自転周期は赤道付近が最も短く，速く自転していることがわかります．

8 月食から月の距離がわかる！

グラフ

月が月食のときに欠けるのは，地球の影が月に落ちているからです．紀元前 350 年頃アリストテレスは，その影のようすから「地球は球形だ」と考えました．マカリを使って影の大きさを測定すると，それだけでなく，月の大きさや地球と月の距離なども知ることができます．

1．月食と地球の影

部分月食のとき，月は図 1-24 のように，一部が円弧で切り取られたように欠けています．この欠けた部分(赤い部分)が地球の影になります．影の大きさは，太陽光が平行であれば，地球と同じ大きさになりますが，実際には遠くにいくほど細くなっています(図 1-25)．太陽は有限の距離にあり，大きさがあるからです．月食の影の直径は，次頁のコラムのように，実際にはおよそ月の直径分，小さくなっています．

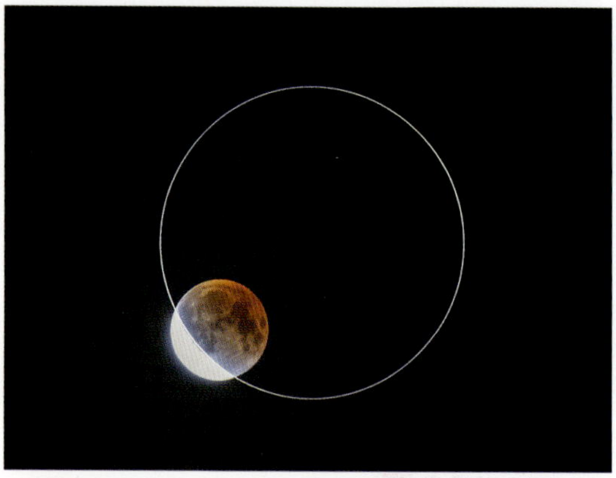

図 1-24　2011 年 12 月 10～11 日の月食のようす
白い円は地球の影にあたる部分．露出時間を長めにすることで，月の上の影の部分も赤く写しだすことができる．

2．まずは月の大きさから

月の大きさは，(1) まず地球の影の見かけの大きさを測る，(2) 次に月の見かけの大きさを測る，(3) 最後に両者の比と地球の実際の大きさから月の実際の大きさを計算する，という方法で求めていきます．見かけの大きさの測定には，マカリのグラフ機能を用います(p.87)．測定は次のような手順で行います．

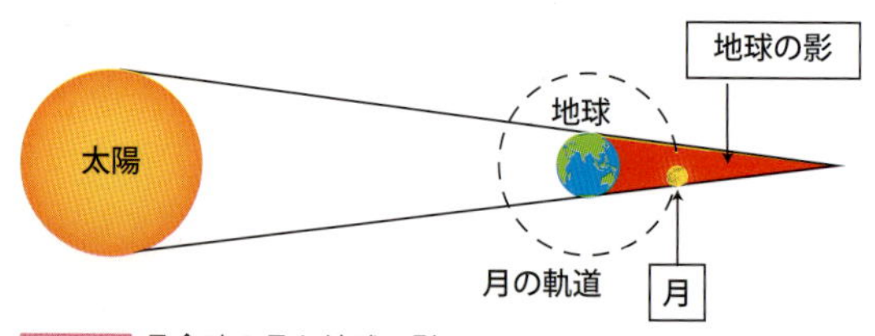

図 1-25　月食時の月と地球の影

(1a) 影の境界の円弧の一部を切るようにグラフ機能の直線を引き，直線と円弧でできた弦の中点を求めて，直線に垂直な線(弦の垂直二等分線)を引きます(図 1-26 左，p.105 コラム参照)．

(1b) 同じように別の弦からもう 1 本垂直二等分線を引き，影の中心(2 本の垂直二等分線の交点)を求めます(図 1-26 右)．

(1c) 垂直二等分線でできたグラフから影の中心と影の端の位置を「始点からの距離」の値で読

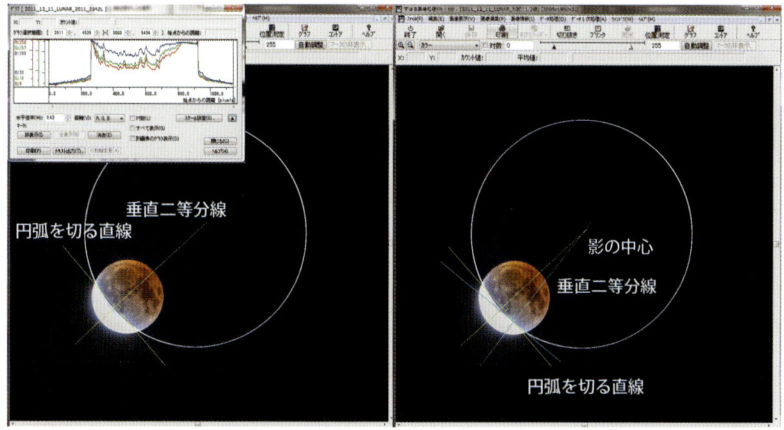

図 1-26 地球の影の中心を求めているところ

み取り，差を取って影の見かけの大きさ(半径のピクセル数)を求めます．

(2)「月の大きさはどれくらい変わる？」(p.2) の方法で月の見かけの半径(ピクセル数)を測定します．

(3a) 影の大きさと月の大きさの比を求めます．だいたい 3:1 くらいの値が得られれば正解です．

(3b) 影の見かけの直径を D，月の見かけの直径を d，地球の実際の直径を R，月の実際の直径を r とすると，1. で述べたように，影は月 1 個分，地球の直径より小さいですから，

$$D : d = (R - r) : r$$

となります．この比が 3 : 1 になっているわけですから，R = 4 r，すなわち月の大きさは地球の 1/4 くらいであることがわかります．

3. 月までの距離はいくら？

上の測定から月の実際の大きさがわかりました．一方，月の見かけの大きさ(視直径)は，約 0.5 度であることも「すばるの大きさは何光年？」(p.8) と同じ方法を用いて簡単に求めることができます．p.9 の式から，(距離) = (実際の大きさ) ／ (2 × 3.14 × (見かけの大きさ) ／ 360) なので，月までの距離は (1/4 地球直径) ／ (2 × 3.14 × 0.5 ／ 360) より，地球の直径の約 30 倍，すなわち地球の半径を 6400km とすれば月までの距離は約 38 万 km ということがわかります．このように，たった 1 枚の月食の写真から月の大きさや月までの距離を (およその値ですが) 求めることができるのです．

右下の図は，日食のときと月食のときの地球と月の位置関係，およびそのときの影のようすを表しています．皆既日食や金環日食のときの月の影と地表との位置関係を考えればわかるように，月の影はちょうど地上に接するように小さく収束しています．このことから，地球の影も月の軌道の位置では，ちょうど月の直径 1 個分小さくなっていることがわかります．

第2章

天体を写してみよう

人物,風景の写真と天体写真の撮り方は,どこが違うのでしょう.
デジタルカメラの夜景モードに頼れない天体写真のツボとは何でしょうか.
シャッタースピード,感度の設定など,ちょっとした注意と工夫があれば,
あなたの撮った写真が,科学的に価値のある画像に変身します.
今まで眠らせておいたデジタルカメラの機能を,フル活用させてみましょう.

1 ブレないための工夫をしよう

写真撮影で，「手ブレ」という言葉を聞いたことがあると思います．カメラが動いてしまって，画像がぼけてしまうことをいいます．天体写真の大敵はブレです．ブレの原因はさまざまです．この原因を知り，ブレを防ぐための工夫をしましょう．

1．三脚を使おう

最近は，レンズやカメラ本体に手ブレ対策を施したものが多く，日常的には，手ブレを意識することなく写真を撮ることができます．きちんと手ブレを防ぐためには，カメラがぐらぐらしないようにしっかり持って構えたり，感度を上げて速いシャッターを切ります．しかし，望遠レンズで拡大したり，暗い場所での撮影では限度があります(図 2-1)．天体写真は，最も暗い対象の撮影ですので，自分で積極的に対応する必要があります．

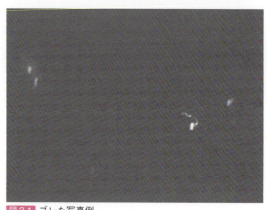

図 2-1 ブレた写真例

写真を撮るときに，1 秒あるいは，数十秒もの間，カメラをまったく動かさないように手で持っていることはとても不可能です．そこで使われるのが三脚です．カメラの底面には，三脚を取り付けるためのネジがあります．旅行用の小さいもの(図 2-2)から，大型カメラ用のもの(図 2-3)まで，さまざまなサイズのものがあります．三脚用のネジ穴のないカメラ，あるいはスマートフォンなど

図 2-2 ミニ三脚

図 2-3 大型三脚

は，カメラを抱きかかえるように固定する三脚が市販されています．三脚に取り付けたときには，手ブレ補正をオフにします．

2. レリーズを使おう

当たり前のことですが，写真を撮るには，シャッターボタンを押します．そのボタンを押すときに，ブレが発生することがあります．カメラを三脚に固定しても，望遠鏡に取り付けても，手で直接にボタンを押すと，わずかですが動きます．そこで使われるのがレリーズ(リモートシャッター：図 2-4)です．デジタルカメラの場合は，シャッターは電気的なスイッチです．その機種に固有なアクセサリーとして市販されていたり，どの機種にも付けられる汎用品もあります．レリーズが使えないカメラもありますが，その場合は，セルフタイマー機能(図 2-5)を使いましょう．タイマーをセットして，カメラの振動がおさまった後に，シャッターが切れるようにするのです．

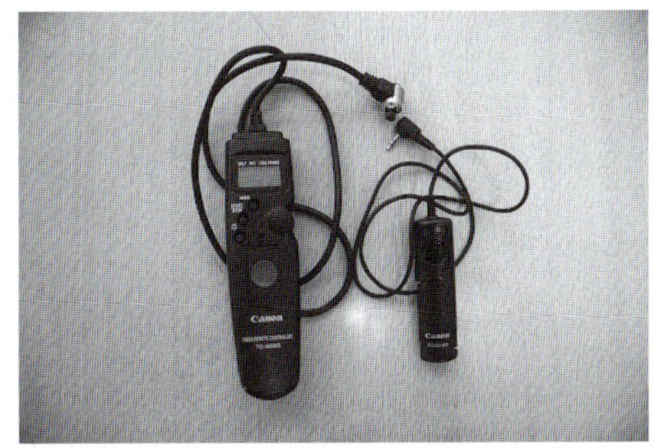

図 2-4 レリーズ

図 2-5 セルフタイマー

3. ミラーアップ機能を使おう

一眼レフカメラでは，撮影時にボディ内の鏡(ミラー：図 2-6)が高速で跳ね上がる「ミラーショック」と呼ばれる現象が，ブレを呼びます．レリーズを使ってもこれは避けられません．そこで，カメラの機能として，最初のシャッターボタンを押すとミラーだけが上がり(ミラーアップ機能)，次に押すとシャッターが切れるという機能を設定できるものもあります(図 2-7)．望遠鏡にカメラを取り付けたりするときに有効です．もちろん，レリーズも同時に使うようにします．

図 2-6 一眼レフのクイックリターンミラー

図 2-7 ミラーアップの設定

2 ピントの合わせ方

ブレていない写真でも，ピントが合っていないとぼけた画像になってしまいます．線は線としてくっきり，モノの形がよくわかる状態が，ピントが合っている状態です．鮮明に写真を写さないと，得られるデータの質が極端に低下します．天体写真のピント合わせのコツは，そんなに難しくはありません．

1. 無限遠∞に合わせる

花をクローズアップしたり，人物の集合写真を撮るとき，大抵の場合は，カメラのオートフォーカス機能で済みます．この機能は，カメラによって仕組みはさまざまですが，天体写真のときには，普通は無限遠に合わせて撮影します．手動でピント合わせができるカメラの場合は，「∞」マークに合わせます．オートフォーカスのレンズは，∞よりも外側にピントリングが回ってしまうため，マークに合わせたと思っても，微妙にずれている場合があります．無限遠にピントが合っているときは，星は最も小さくなります(図 2-8)．月などのように模様が見える場合には，模様でピントを合わせるより，輪郭がはっきり見えるピント位置を選んだ方がよいでしょう(図 2-9)．一番よいピントの位置を見つけるために，何枚か試写してみることをお勧めします．

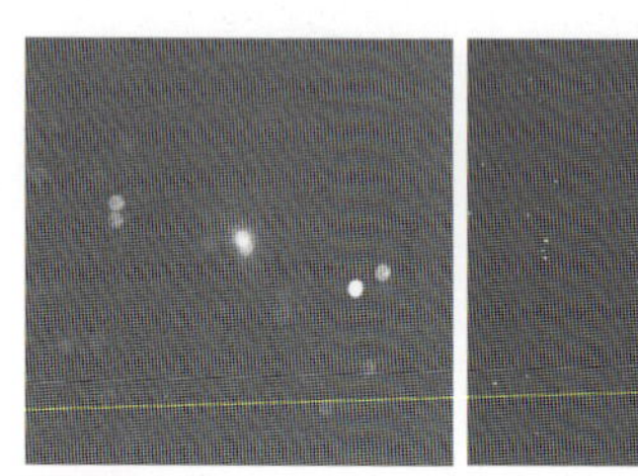

図 2-8 恒星のピント
M42(f = 200mm 部分拡大)

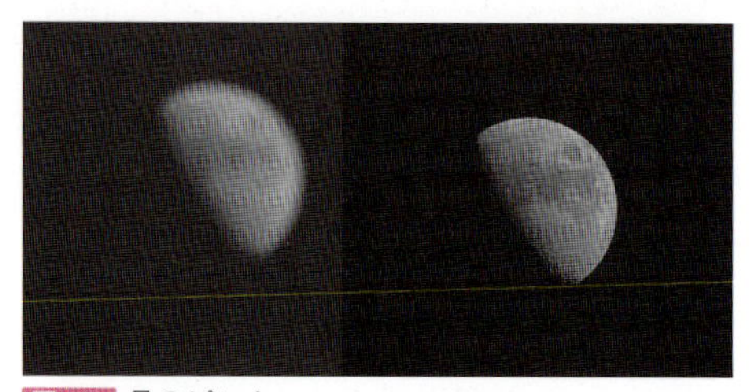

図 2-9 月のピント
上弦の月(f = 300mm 部分拡大)

2. 風景モードを使う

手動でピント合わせができない場合は，「風景モード」など，景色を撮る設定にします(図 2-10)．このモードは，ほとんどのデジタルカメラに備わっています．カメラによっては，シャッターが切れる直前まで押し込む(半押し)と，ピントを固定することができます．遠くの街灯などでこの動作を行ったまま，夜空に向けるという方法もあります．ただ，街灯程度まで暗くなるとピント合わせができなくなる機種もあるので，注意が必要です．

図 2-10 風景モードの設定

図 2-11 ライブビューを使う

3. ライブビューモードを使う

一眼カメラでは,「ライブビュー」という機能で，液晶画面に実際に撮影される像を見ることができる機種があります(図 2-11). これは，ビデオカメラを使っているのと同じように，リアルタイムで天体の画像をカメラの液晶モニターに映し出す機能です. しっかりした三脚を使っていれば，ライブビュー画面を拡大することで，かなり正確にピントを合わせることができます.

4. わざとピントをずらす(デフォーカス)

ピントは常に無限遠でよいのでしょうか. 無限遠にすると星の大きさ(星像)は小さくなり，特定の画素に光が集中するため，光があふれてしまいます. 図 2-12 のように，星の明るさのグラフを作ると，中心付近が平らになってしまうのです. この状態を飽和(サチュレーション)と呼んでいます. そうすると，明るい星の輝度を測定する場合には問題が出てきます. そこで，あえてピントを外して撮影することもあります. ただしあまり外しすぎると，暗い星が写りにくくなり，星像が重なって測定ができなくなります. どのくらいずらせばよいかは，レンズや撮影する天体によって違ってきますので，あらかじめテスト撮影をしておきましょう.

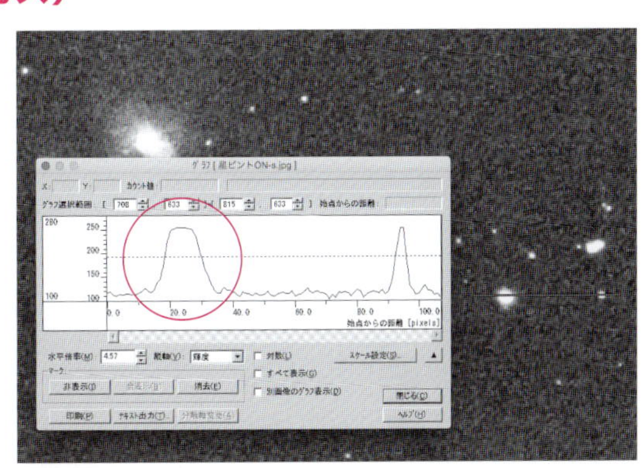
図 2-12 星の光があふれた場合

色によってピントが違う

カメラのレンズは厳密にいうと，すべての色で，ピントがいっぺんに合うわけではありません. 肉眼で捉えることのできる色の限界は紫と赤ですが，ピントが合う位置は，ずいぶん違います. レンズの設計は，なるべくそれを少なくするようにしてあります. しかし，しっかりピントを合わせた写真でも，星のまわりに紫色のにじみが出たりすることがあります.

3 露出(シャッター，絞り)，感度

明るすぎて何も見えなくなってしまった白っぽい写真，何が写っているかわからない黒っぽい写真，その原因は露出と感度の設定にあります．真っ暗な空を背景に星を撮るとき，いったい設定はどうしたらよいのでしょうか．普通の風景写真とは違って，特に注意しなければならない点を説明します．

1．シャッタースピード，絞り，感度とは

写真が誰でも失敗なく撮れるようになったのは，オートフォーカスに並んで，自動露出(オートエキスポージャー)機能のおかげです．カメラにどのくらいの光を入れたらうまく写るか，それには3つの要素があります．「シャッタースピード」，「絞り」，そして「感度」です．この3つの組み合わせで，同じような明るさの写真を何通りにも撮ることができます．

図2-13 シャッター，絞り，感度の表示

カメラに入れる光の量を加減するのが，シャッタースピードと絞りです．その光の量を，どのくらい増幅して画像を作るかという設定が感度です．

シャッタースピードが125と表示されたら，1/125秒だけカメラに光が入ります．2秒間だと2”と表示されます．絞りはF2，F2.8などと表示されます．これは，レンズの大きさ(口径：D)と焦点距離(f)の比，F = f/Dの値です．小さくなるほど明るいことを表しています．感度はISOで表されます．数値が大きいほど感度が高く，暗いものがよく写ります(図2-13)．

カメラによっては，シャッタースピードが30秒くらいまで可能なものがあります．また，M(マニュアル)モードを持つカメラでは，B(バルブ)という機能で数十分まで設定できるものもあります．このような長時間の露出では，三脚，レリーズが必要です(p.20)．

図2-14 日周運動

2．露出と感度の設定

天体写真の場合は，少しでも多くの光を入れるために，ほとんどの天体で絞りは大きく開けます．天体望遠鏡には，この機能はありません．レンズの性

能は，少し絞りを絞ったほうがよい画像が得られますが，F2のレンズならば，せいぜいF2.8くらいで，光をたくさん入れることを考えましょう．

そうなると，撮影に必要な設定は，シャッタースピードと感度ということになります．暗い天体を写すためには，できるだけ長い時間シャッターを開けて光をため込みたいところですが，その間にも地球は自転しています．長い時間かけて露出すると，日周運動によって星が線を引いて写ります(図2-14)．日周運動が気にならないシャッタースピードは，カメラとレンズの組み合わせによって違います．望遠レンズの方が短い時間で動きの影響が表れます．カメラの液晶画面ではわからなくても，パソコンで画像を拡大すると驚くほど動いています．

これを防ぐには，2つの方法があります．ひとつは，感度を高くして，短い時間でシャッターを切ることです．もうひとつは，日周運動に合わせてカメラを動かす装置(赤道儀)を使うことです(図2-15)．

焦点距離(mm)	時間（秒）
16	3.7
24	2.5
50	1.2
85	0.7
135	0.4

表2-1 日周運動を静止させる許容時間(APS-C 2000万画素)

図2-15 ポータブル赤道儀

3. 感度とノイズ

光害がひどいところでは，日周運動の影響が出ないシャッタースピードに設定して，空が明るくなり過ぎない程度の感度に設定することになります．一般に，ISOを高く設定すると，光を増幅しているため，画面上にノイズが表れやすくなります(図2-16)．このようすは使用するカメラの性能によります．

最近の天体写真の主流は，より高感度に設定し，あまり露出時間をかけないで撮影する方法です．1枚の画像だけでは淡いので，何枚もの画像を重ねます．これこそ，デジタル画像の特性を活かした技術といえるでしょう．

図2-16 デジタルカメラのノイズ

比較明合成

空の暗さはそのままで，星の明るさだけを抽出する「比較明合成」は，地上の風景と星空を調和させる方法です．カメラメーカーによっては，RAW現像ソフトで対応しています．フリーのソフトウェアには，次のようなものがあります．

- SiriusComp（シリウスコンプ）：http://phaku.net/siriuscomp/

4 交換レンズ，望遠鏡，フィルターの取り付け

カメラのレンズの性能は，焦点距離(f)，口径(D)，および明るさ(F)で表せます．望遠鏡にカメラを取り付けたときも同様です．光を集められる量(光量)は，口径が大きいほど多くなります．太陽は明るすぎるので，光を減らすためにフィルターを使います．

1．レンズの特徴

レンズの特徴は，まず焦点距離(f)です．短いものほど広い範囲が写り，長いものほど拡大して撮ることができます．同じ焦点距離のレンズでも，カメラの撮像素子の大きさによって，写る範囲が違ってきます．レンズの大きさを口径(D)といいます．集められる光の量，細かいものを見分ける能力(分解能)は，これで決まります．レンズの明るさ(F)は，焦点距離を口径で割った値で表されます．この値が小さいほど明るいレンズということになります．

焦点距離を連続的に変化させることのできるレンズが，ズームレンズです．できないものを単焦点レンズといいます．

2．ズームレンズ付きコンパクトカメラ

最近のデジタルカメラには，ほとんどズームレンズが付いています．図 2-17 に示したカメラのスペックは以下の通りです．

図 2-17 ズームレンズ付きデジタルカメラ

- レンズ：f = 7.2mm(F = 2.0)～
f = 28.4mm(F = 2.8)
- 撮像素子：13.3 × 10.0mm(2/3 インチ)
- 4000 × 3000 画素
- 1 画素サイズ：約 0.0033mm(3.3 μm)

f = 7.2mm が広角側で，レンズ明るさは F2.0 なので，有効な口径は D = 3.6mm です．f = 28.4mm が望遠側で，有効な口径は D = 10.1mm となります．望遠側で写る範囲(a × b)は，角度の単位で a = 26°.4，b = 20°.0 です．このカメラで月を撮ると，直径 75 画素ほどになります．

3．一眼カメラと交換レンズ

レンズを交換できる一眼カメラは，魚眼，広角，望遠レンズなど，用途に合わせて選べます．ただし，メーカーごとに取り付け部分(マウント)が異なるので，注意が必要です．

図 2-18 のように，一眼レフカメラに焦点距離 135mm の望遠レンズを取り付けた場合を考えてみます．

・レンズ：f = 135mm（F = 2.0）　D = 67.5mm

・撮像素子：35.8 × 23.9mm（フルサイズ）

・5472 × 3648 画素

・1 画素サイズ：約 0.0065mm（6.5 μm）

画角は a = 15°.1，b = 10°.1 です．月の直径は約 180 画素となりますから，より詳しい情報が得られます．ズームレンズ付きのデジタルカメラとこのカメラを比較すると，1 画素の大きさが 2 倍になっているので，面積は 4 倍になります．したがって，単純に 4 倍の感度が期待できます．

図 2-18　望遠レンズを付けた一眼レフ

4．望遠鏡への取り付け

レンズを交換できるカメラは，望遠鏡に取り付けて撮影することができます（図 2-19）．超望遠レンズを付けたカメラになるわけです．

・レンズ（望遠鏡）：f = 2415mm（F = 11.5）　D = 210mm

この望遠鏡にカメラを付けたときは視野は，a＝0°.85，b＝0°.57 となり，ほぼ月がいっぱいに写ります．口径の差も圧倒的です．望遠レンズの比較とでは，口径の比が，210mm ／ 67.5mm = 3.1 ですから，光量はその 2 乗で約 9 倍あることになります．それだけでなく，細かい模様などを見分ける力（分解能）も，望遠鏡の方が約 3 倍も勝っています．

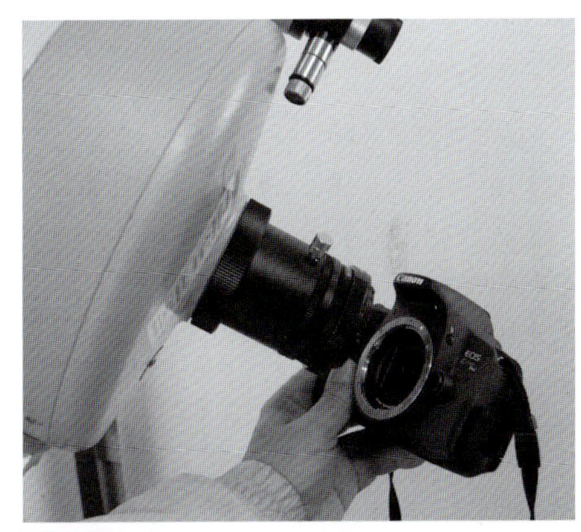
図 2-19　望遠鏡とカメラアダプター

5．太陽に減光フィルターを使う

天体写真は暗いものばかりではありません．明るすぎる天体である太陽では，光を減らす（減光）必要があります．明るさを減らすには，普通はレンズの前に色の濃いガラスフィルターを付けます．ND（ニュートラル・デンシティ）フィルターと呼ばれます（図 2-20）．市販されている最も濃いフィルターは ND-400 で，1/400 に減光します．太陽にはこれでは足りなくて，日食観測時に太陽専用フィルターとして発売された ND-100000 が必要となります．シート状の太陽観測フィルムも販売されています．ND-400 を二枚重ねにする方法もありますが，画質が少し悪くなります．これらのフィルターを望遠鏡の接眼部に付けることは，フィルターの狭い部分に太陽の熱が集中して危険なので，絶対にやってはいけません．

図 2-20　太陽用フィルター
ND-400，ND-100000

5 JPEG と RAW，ホワイトバランス

デジタルカメラで記録された画像は，背面の液晶にすぐに表示されます．記録用のメモリーカードに書き込まれた画像は，どのカメラのものでもパソコンで再生することができます．これは JPEG フォーマットという共通の規格で，画像が書き込まれているからです．

1．JPEG で撮る

デジタルカメラには，画質（画像解像度）の設定があり，カメラの画素数をフルに活かした“fine”や，撮影枚数をかせぐための“small”などという選択ができます．天体の撮影は，その瞬間のようすを写すわけですから，まさに一期一会です．最も高い画質を選びましょう．

デジタル画像の便利な点は，撮影時刻をはじめ，画像ファイルにさまざまな情報（ヘッダー）が埋め込まれていることです．JPEG 画像をマウスで右クリックし，Windows ならば「プロパティ(R)」（図 2-21），Mac ならば「情報を見る」を選択すると，撮影記録として使えるデータが見られます．JPEG の画像情報は，Exif という共通規格があります．

天体写真の場合，日付と時刻は大切な記録ですので，カメラの設定メニューで，撮影前に合わせておくことを心がけましょう．

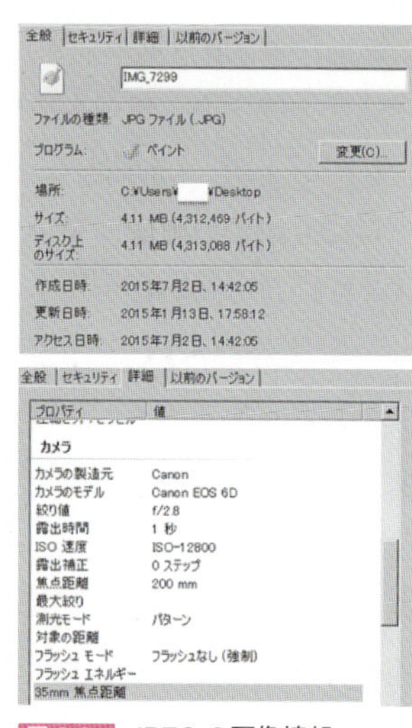

図 2-21 JPEG の画像情報

2．デジタルカメラ画像の構造

デジタルカメラに入射した天体の光の記録には，光の強さを電気信号の強度に変換する撮像素子が使われています．カメラに入射する光には，さまざまな色の光が混ざっています．そのような光の色を再現するために，デジタルカメラでは，受光する素子を光の 3 原色（赤 R，緑 G，青 B）で記録します．それぞれの原色の強度の比から，もとの色を作り出しています．一般的には，人間の眼の感度は G が一番高いため，G を重視して RGGB の 4 つを 1 セットにします（図 2-22）．

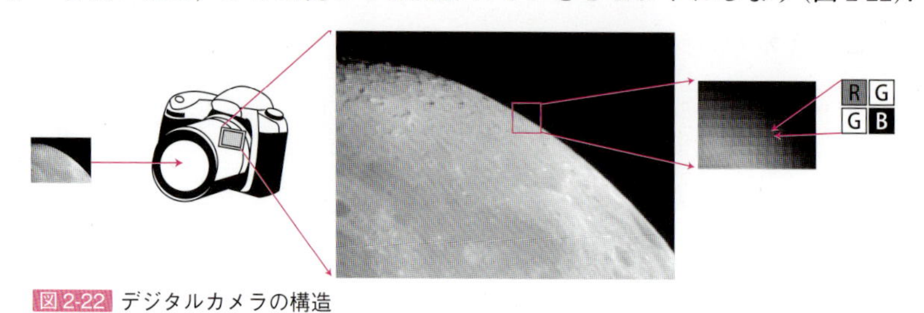

図 2-22 デジタルカメラの構造

3. 精度のよいRAW

多くのデジタルカメラは，JPEGとは別に，さらに精度の高い，色調整をはじめとしてさまざまな画像処理ができるフォーマットで記録できます(図2-23).

図2-23 RAWの設定

そのカメラ，あるいはメーカーに特有の形式のため，RAWフォーマットと呼ばれています．これが天体写真に大変に有効なのです．JPEG画像は，赤緑青(RGB)の3色256段階の輝度ですが，現在のデジタルカメラの撮像素子は，各色16384段階以上を記録する能力があります．この精度で書き出したのが，RAWフォーマットです．天体の明るさを測定したりする場合，飛躍的に精度が上がります．

RAWフォーマットは，カメラの性能をほぼ100%使用したデータとなっていますが，JPEGはRAWの持つ情報量を強引に圧縮した形になっています．さらに，JPEGには大きな欠点があります．JPEGは，保存する度にデータが失われていくという圧縮方式になっているのです．

JPEGとRAWは同時に記録できますから，見出し用にJPEG，測定用にRAWを使うと考えて，つねにRAWで画像を記録しておきましょう．

4. ホワイトバランス

JPEGフォーマットの各画素の色情報は，0～255までの256段階です．R = 0，G = 0，B = 0が黒色，R = 255，G = 255，B = 255が白色となります．このRGB各色の混合の割合を偏らせると，画像全体の色合いが赤っぽくなったり，青っぽくなったりするのです．「ホワイトバランス」や「色温度」とは，この調節のことをいいます．JPEGで撮影するときには，ここの調節をあらかじめ設定しておく必要があります(図2-24)．RAWで記録すると，後から色を調整することができます．

図2-24 ホワイトバランス設定

私たちの眼は，太陽光に照らされている状態が，自然の色あいと感じるので，JPEGでの天体写真では，ホワイトバランスの設定を太陽光に合わせます．星や銀河の色も，太陽の光を基準として色を判別するのが普通です．ただし，RAWフォーマットであれば，撮影時に，ホワイトバランスの設定を考えることはありません．

第3章

デジタル・アストロノミー

どのデジタルカメラも,JPEG というフォーマットの画像ファイルを書き出します.
光がレンズに入ってから,どのようにして画像が作り出されるのでしょう.
あなたの撮った画像をさらに活かすために,
JPEG より高精度な RAW フォーマットの活用,天体画像の標準フォーマット
FITS に変換する方法,画像の 1 次処理の手順を説明します.

1 画像ファイルフォーマットとは

デジタルカメラで記録した画像は記憶媒体（メモリカードなど）に保存され，パソコンなどで処理されます．画像の記録には使用目的によりさまざまな形式（フォーマット）が使われます．ここではどのようなフォーマットがあるか，その違いや用途について見てみましょう．

1．望ましい画像フォーマット

画素情報を記録メディアに記録するためのファイル形式を，画像フォーマットといいます．科学的な解析をするためには，どのような画像フォーマットが望まれるでしょうか．

まず，撮像素子ひとつひとつの画素（ピクセル）データが，きちんと保存されていること．つまり，データが圧縮されていないことです．たとえ圧縮されていたとしても，元どおりに戻せることが必要です．次に，撮像素子からデータを読み出すときに，階調が豊かであるほど有利です．1画素の情報をどの程度細かく記録できるかは，画素あたりの記録ビット数で表され，8ビットでは $2^8 = 256$ 段階となります．画素あたりのビット数が大きいと，詳細なデータが記録できます．さらに，撮影された画像の情報がヘッダーに書かれていて，それがどのようなパソコンでも読み出せることも重要です．

2．一般的な画像フォーマットの種類

デジタル画像の記録には，用途によってさまざまなフォーマットが開発されてきました．以下に一般的に使われている代表的なものをあげてみます．

【BMP】パソコンの初期から使われ，1画素あたり最大24ビット（RGB各色8ビット）までのデータに対応します．基本的に無圧縮のため一般にファイルサイズは大きくなります．

【GIF，PNG】GIFはネットワークの初期に，画像ファイル交換をするために開発されました．1画素あたり8ビット（= 256色）に抑えて圧縮しデータ量を減らした形式です．イラストなどに向きますが特許問題があり，後に色数や圧縮方式を改良したPNGが開発されました．

【JPEG】写真などの画像保存のため，1画素あたり24ビットまでのデータを非可逆圧縮してファイルサイズを小さくした形式です．ほとんどのデジタルカメラで使われています．非可逆圧縮をするため，画質劣化が起こります．

【TIFF】異なるコンピューター環境で，画像ファイルを交換するために開発されました．1画素あたり最大48ビットのデータが収納できて圧縮もできますが，無圧縮で使われることが多いようです．JPEGに比べて画質劣化が少なく，高画質で編集などをする際に利用されます．

BMP フォーマット
(描画風にしたもの)

JPEG フォーマット
(画質を落としたもの)

FITS フォーマット
(元のデータを重視したもの)

図 3-1 画像形式の比較

3. 天文分野で使われる画像フォーマット【FITS】

天文分野の画像解析では，データが全く劣化せず，観測条件，作業行程が記録される FITS と呼ばれるフォーマットが利用されます(図 3-1)．FITS は，16 ビット，32 ビット，さらに 64 ビットの高い精度のデータも収納できるようになっています．

研究用の機器から出力される画像フォーマットは，ほとんどが FITS です．FITS のファイル構成の特徴は，通常のテキストで書かれたヘッダー部分と，ビット列で書かれたデータ部分に分かれていることです．ファイル構造が大変シンプルであるため，自分で画像解析ソフトを作る人もいます．ヘッダー部分には，JPEG の Exif と同じように，撮影情報が書かれています．ここを読み取ることで，観測時刻や天体位置の情報，観測機器の特徴などがわかります．さらに画素配列，ビット数など，データ部分がどのような形式で書かれているかもわかります．ひとつのデータがひとつの画素に対応しているため，画像相互の演算が容易にでき，画像間の高度な計算プログラムも組めるのです．したがって，さまざまな画像処理を行うためには，画像フォーマットを，FITS フォーマットに変換しておくとよいのです．マカリを含む天文用のソフトは，ほとんど FITS をサポートしています．

デジタルカメラの RAW フォーマット(p.29)を FITS フォーマットへ変換する方法については，後で説明します(p.36)．

手軽な TIFF

デジタルカメラのメーカー各社が配布している RAW 現像ソフトを使うと，16 ビットの精度で記録できる TIFF フォーマットに変換ができます．8 ビットの JPEG に比べると，無圧縮で，高画質を保てることになります．その後で，TIFF から FITS への変換も可能です．

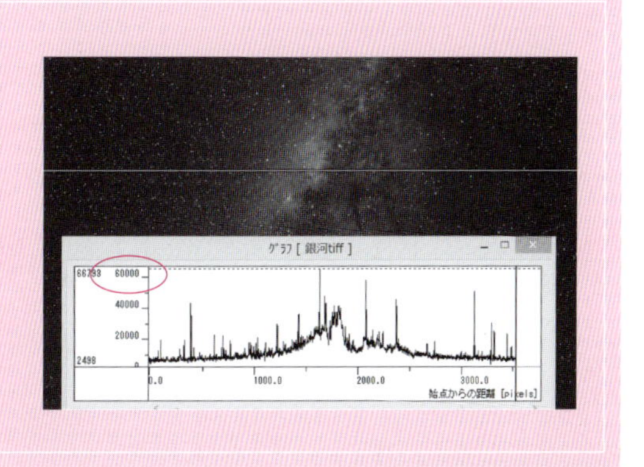

2 デジタルカメラデータの特徴

デジタルカメラは多くのメーカーが提供しています．機種によって，さまざまな特徴がありますが，撮影に最も影響を与えるのは画角です．ズームレンズを操作したり，レンズを交換することで，撮影できる範囲が変わります．また，各メーカーがカラー画像をきれいに見せる工夫をしているため，撮影できる光の波長に制限があります．

1．解像度と撮像素子(センサー)サイズ

デジタルカメラの撮像素子の構造は，RGGB の 4 画素を組み合わせたベイヤー配列が一般的です(p.28)．各メーカーは「このカメラは○○○○万画素です」と，総画素数を前面に出しています．確かに画素数が多い方が，解像度が高く滑らかな画像になるのですが，撮像素子に入る光の量はレンズによって決まってきます．画素数が多いということは，各素子に入る光の量が少なくなることを意味します(図 3-2)．

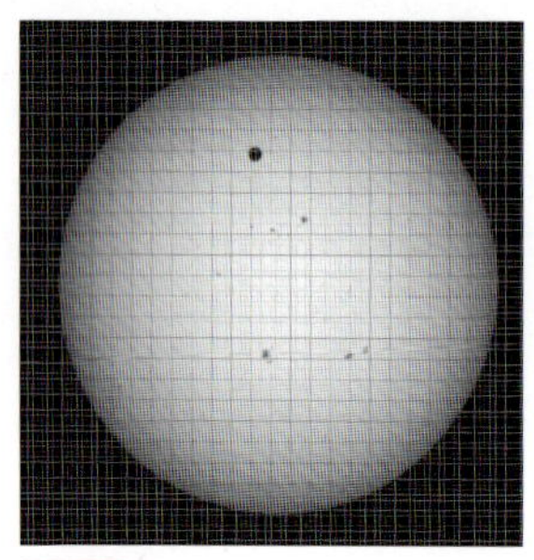
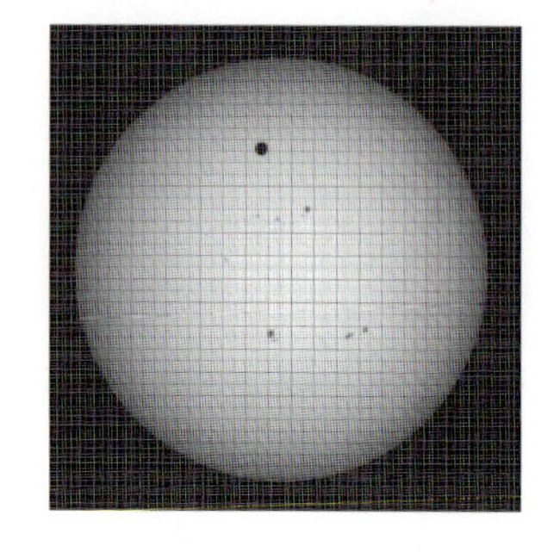

図 3-2 画素の大きさ比較

これを補うには感度を上げるか，長時間露出をするかのどちらかが必要になります．しかし，感度を上げても長時間露出をしても，ノイズが増加してデータの質は低下していきます(p.40)．現在使われているデジタルカメラの撮像素子の大きさを比較すると，次のようになります(図 3-3)．小さな撮像素子で総画素数が多いよりも，同じ総画素数で撮像素子が大きい方が，ひとつの画素に入る光の量が多くなります．つまり，撮像素子が大きいと，解像度も感度も有利になるのです．

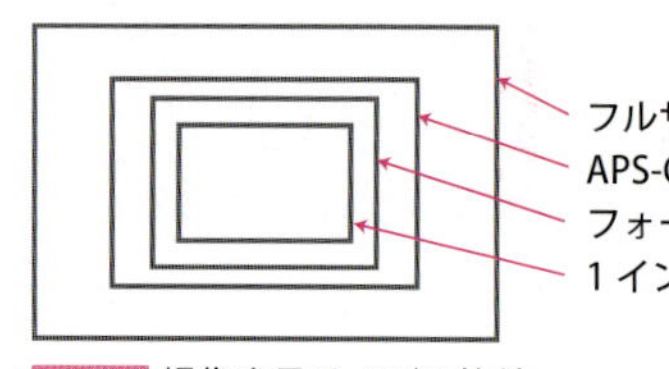

図 3-3 撮像素子サイズの比較

2. 画角の求め方

デジタルカメラは，レンズの焦点距離と撮像素子サイズによって写る画角が決まります(図 3-4)．カメラレンズを使用する場合は，各メーカーから公表されている画角(画像の対角線) を参考にすることもできますが，次のような方法を用いて，自分で計算することができます．

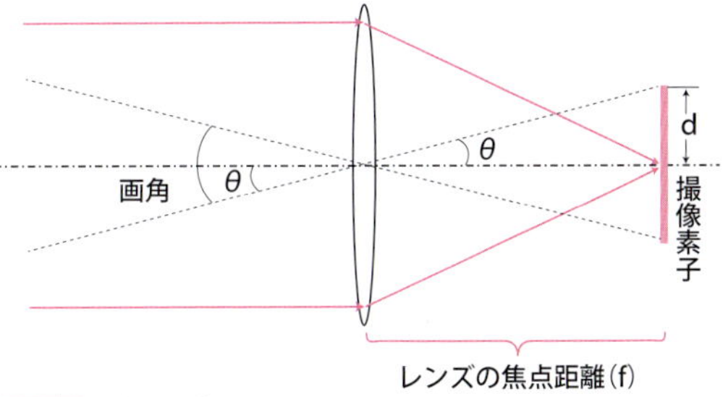

図 3-4 画角と撮像素子サイズ

レンズの焦点距離を f，撮像素子の大きさを 2d，画角を 2θとすると，次の式が成り立ちます．

$$\tan(\theta) = \frac{d}{f}$$

フォーサーズ(17.3mm × 13mm)のカメラに，焦点距離 100mm のレンズを付けたときの画角は，次のように求められます．

$$\tan(\theta) = \frac{17.3/2}{100}, \quad \theta = 4.94(度) \qquad \tan(\theta') = \frac{13/2}{100}, \quad \theta' = 3.72(度)$$

よって，縦×横の画角は，9.88 度× 7.44 度になります．

3. デジタルカメラに写る色(波長)

光の色の違いを波長という数値で表すことができます．図 3-5 は，デジタルカメラの RGB のそれぞれの感度を表したものです．デジタルカメラで紫外線や赤外線は写すことができません．この特徴は，メーカーや機種による違いがあるため，自分のカメラの特性を知っておくことが大切です．『理科年表』をはじめ，天体の明るさ(等級)は，決められた波長範囲で観測した値となっています(図 3-6)．これは，天体観測専用の冷却 CCD カメラと特別なフィルターの組み合わせで作られた，天文学上の「標準システム」と呼ばれているものです．デジタルカメラの RGB は，標準システムの R，B と同じ名称ですが，波長範囲が異なります．天体の明るさ(等級)を求める場合には，注意が必要です．

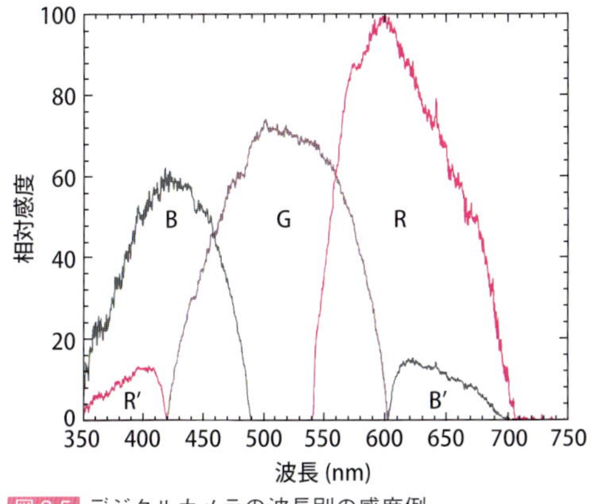

図 3-5 デジタルカメラの波長別の感度例

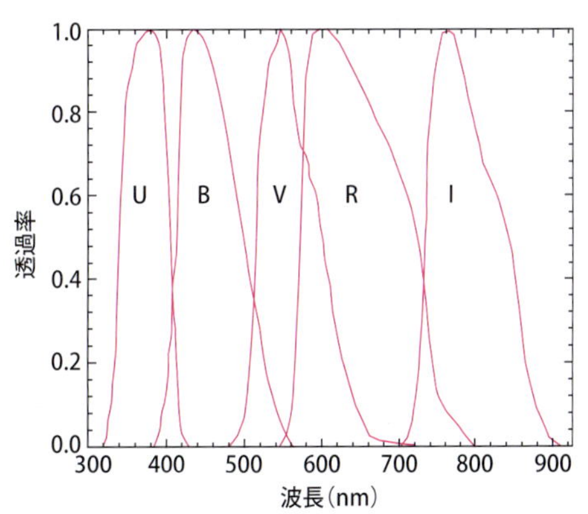

図 3-6 測光標準システム

3 FITSフォーマットへの変換

FITSは天文分野で標準的に使われるフォーマットです．研究用にも使われるので天体からの情報を必要に応じて保存・活用するのに適していますが，一般的なデジタルカメラではFITSフォーマットの保存ができないので，RAWなどのフォーマットからの変換が必要になります．

1．RAWフォーマットからの変換

デジタルカメラのRAWフォーマットはカメラメーカーごとに形式が違いますが，FITSに変換すればマカリなどで処理できます．フリーソフトではirisがデジタルカメラのRAWを読み込めます（図3-7）．ただし，最新のカメラのファイルは，読めないものもあるかもしれません．有償ソフトではステライメージで同様のことができます．日本語にも対応しており，アップデートで最新のRAWに対応しています．

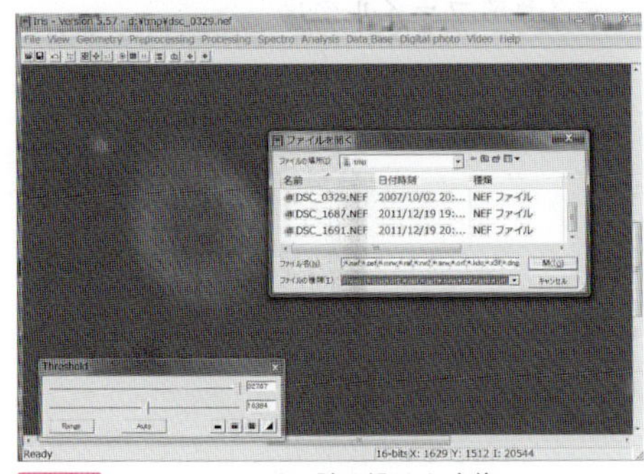

図3-7　irisでのファイル読み込みと変換

しかし，これらの方法にも問題はあります．一般的にRAWは図3-8のように並んだRGGBという受光素子の組のデータをそのまま記録していますが，FITSに書き出すときに，個々の受光素子（RGBのどれか1つ）のデータを書き出すのではないのです．RGGBの4つの画素の組から，1画素のデータを計算（補間）して書き出すので，R，G，Bのデータが相互に混じる可能性があります（p.35）．このことによって，本来の撮像素子の画素数は確保されますが，元のデータがどのように処理を受けたかわかりません．最も純粋に，各受光素子のデータをFITSに書き出すためには各受光素子（RGBの各々）のデータを，そのまま書き出すソフトが必要です．

2．raw2fitsによるFITSへの変換

irisやステライメージによるRAWのFITS化では，ファイル変換時に補間処理が入ります．星空公団[*1]で開発・公開されているraw2fitsというソフトは，RAWからRGBの各受光素子ごとのデータを，そのまま抜き出してFITSのファイルを作ることができます（図3-8）．典型的なRAWならr，b，g1，g2，gという5つのFITSファイルが生成されます．このとき，G画素はR，Bの2倍あるのでg1，g2とそれを合計したgというFITSファイルができます．

特定の色のデータだけ抜き出すため，生成されるFITSの画素数は元のRAWの1/4になります

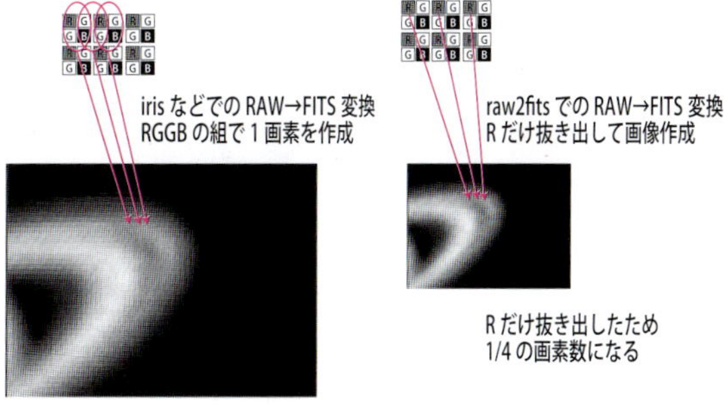

図 3-8 RAW から FITS への変換の違い

が，純粋な受光したままのデータを書き出すことができ，最も適切な形で元のデータを利用することができるようになります．

ただし，raw2fits は，Windows のコマンドプロンプトから，処理ファイルを指定して実行する形式になっています．マウスの操作や親切なウィンドウが開くのが，当たり前だと思っている通常の Windows ユーザーには，敷居が高く感じるかもしれません．そのため paofits WG では Windows ソフトとして動作し，実行時に内部で raw2fits を呼び出して処理するための簡易呼び出しプログラム raw2fits_win[*2] を公開しています(図 3-9)．これを使うとウィンドウのボタンをクリックし，処理するファイルをマウスで指定して実行すれば，red，blue，green1，green2，green のフォルダが作られ，生成されるファイルの振り分けまでしてくれます．初心者でも容易に利用することができます．

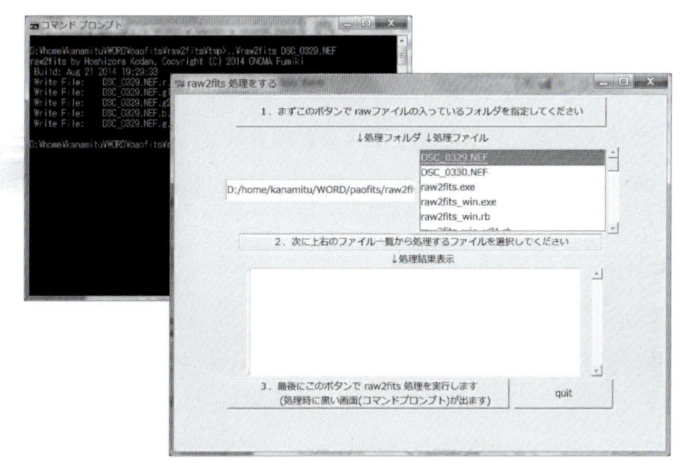

図 3-9 raw2fits と raw2fits_win による処理

3. JPEG フォーマットからの変換

JPEG フォーマットの画像は，非可逆圧縮で情報が失われているのでデータ解析には向いていません．しかしコンパクトデジカメなどでは，JPEG フォーマットでの保存しかできないこともあり，そうした画像を活用したい場合があるかもしれません．マカリは JPEG フォーマットの画像も読み込めます．何らかの理由で FITS への変換が必要な場合は，適切なソフトで変換することができます．フリーソフトの iris(p.44)は JPEG フォーマットの画像を読み込み，FITS フォーマットで保存することにより変換ができます(英語版のソフトなのでメニューは英語)．有償のソフトならステライメージ(p.44)などで同様のことができます．

*1 http://kodan.jp/
*2 http://paofits.nao.ac.jp/raw2fits_win/

4 画像の1次処理とは何か

デジタルカメラで取得した天体画像には，目的の天体からの光以外にも，さまざまなノイズが入り込んでいます．そのようなノイズを除去する処理を，1次処理と呼んでいます．1次処理は，光を測定するために欠かせない基本的な画像処理です．

1．天体画像に含まれるノイズ

デジタルカメラは，光のエネルギーを電気的な信号に変換して画像を得ています．取得した天体画像には，この間に発生するノイズが含まれています．

【読み出しノイズ】本来はカメラの露出時間を0にして取得した画像は，どの画素も0のままのはずです．しかし現実には，撮像素子から読み出す際や信号伝送時に生じるノイズなどがあり，0になりません．このノイズは，どの取得データにも含まれ，バイアスノイズともいいます．

【暗電流】撮像素子には，熱のために電荷が溜まってしまう暗電流と呼ばれる現象が現れます．天体用のカメラでは，暗電流を抑えるために冷却するものもあります．一般的には，露出時間が増えれば暗電流も増えてノイズが増えます(p.40)．ダークノイズともいいます(図3-10)．

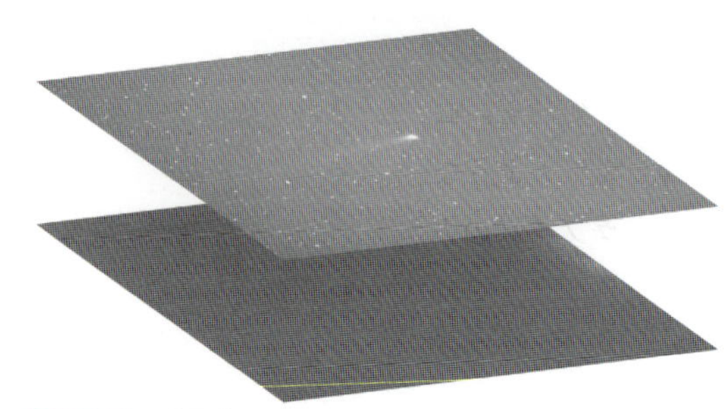

図3-10 天体画像とダークノイズ

これらのノイズの値は，ひとつひとつの画素で異なります．マカリのグラフ機能を使って，ダークノイズのようすを示してみました(図3-11)．

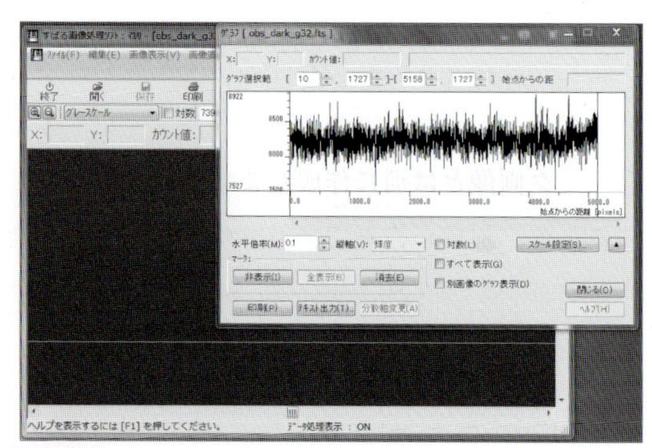

図3-11 ダークノイズ

2．天体画像に含まれるムラ

デジタルカメラの画像は，何千万もの画素から成り立っています．画素に記録された値は，何千万もの受光素子から出力された電気信号の値です．受光素子に公平に光があたって，その通りに電気信号が出力されれば問題はないのですが，そうとは限りません．

【受光素子の感度ムラ】何千万もの受光素子の感度を，技術的に完全に揃えることはできません．同じ強さの光が入射しても，出力される信号は同じにならず，ムラが出ます．

【光学系による大域的なムラ】カメラレンズや望遠鏡などの光学系によって，もともと均一だった光に差が出てきます．たとえば，周辺減光などのように，視野内の場所によって受光した光が不均一になる場合（大域的なムラ）があげられます(図 3-12)．

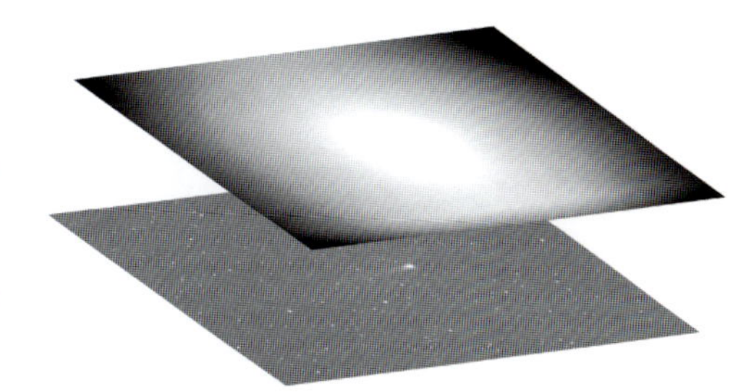

図 3-12 周辺減光

取得した天体画像は，この 2 つが混ざってムラを作っています．図 3-13 に示したグラフでは，感度ムラが細かなノイズのように示され，周辺減光は緩やかなカーブを描くように見えています．

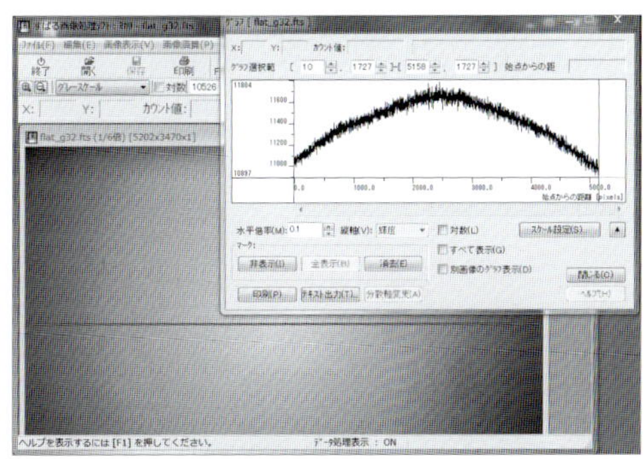

図 3-13 感度ムラと周辺減光

3. 天体画像の 1 次処理

デジタルカメラで取得した画像に含まれるノイズやムラを取り除いて，天体の光のデータだけを取り出す処理を，画像の 1 次処理と呼んでいます．1 次処理をするためには，天体を撮った画像以外に，以下のような画像を取得しておく必要があります．デジタルカメラでは，バイアスノイズよりダークノイズの方が大きく，ダークの処理の際にまとめて差し引くことができるので，「バイアス画像」は取得しなくてもかまいません．

【ダーク画像】暗電流(ダークノイズ)を記録するために，光の入射がない状態で撮影した画像です．

【フラット画像】受光素子の感度ムラや光学系による視野内の場所によるムラを補正するため，一様な光が入射した状態で撮影した画像です．

【フラット画像用のダーク画像】フラット画像にもダークノイズが含まれるため，天体用のダーク画像とは別に作成します．

これらの画像を使って，目的の天体を記録した画像を得るには，次のような画像どうしの計算処理をします．

$$\text{天体の光のみを抽出した画像} = \frac{\text{天体画像} - \text{ダーク画像}}{\text{フラット画像} - \text{フラット用ダーク画像}}$$

画像どうしの引き算，割り算(p.107)などの機能を，マカリは持っています．また，指定したダーク，フラット画像を用いて，1 次処理を一括して行うメニューも備えています(p.111)．

5 1次処理をしよう

FITS フォーマットの画像を使って，天体画像を解析するためには，1 次処理をすることが必須ともいえるでしょう．ダーク画像，フラット画像の撮影方法，マカリを使った 1 次処理について解説します．

1．ダーク画像の取得

ダーク画像は，天体画像を撮影したときと同じ条件で，カメラレンズや望遠鏡にキャップをして，光を入れない状態で撮影します．同じ条件とは，露出時間と感度(ISO) です(図 3-14)．また，ダーク画像に現れるノイズは，熱ノイズですので，温度にも関係します．観測の前後にダーク画像を撮影するようにしましょう(図 3-15)．熱ノイズはランダムに発生し，そのカウント値は小さいので，精度のよいダーク画像を得るには，複数のダーク画像を撮影して，平均の画像を使うことです．マカリでは，簡単にこの処理ができます(p.109)．

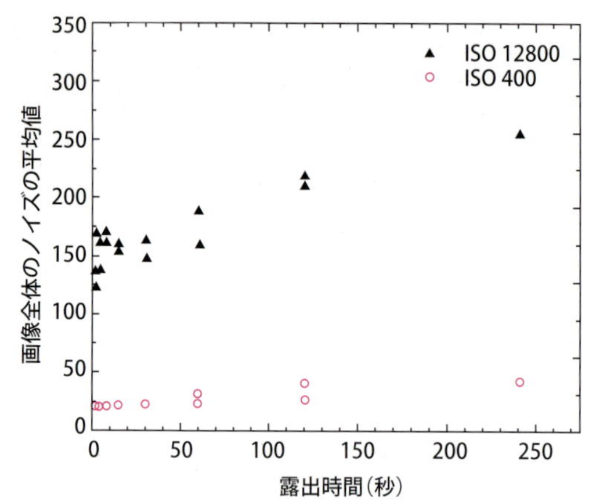

図 3-14 ダークノイズの特徴

元の天体画像からダーク画像を差し引く(p.107)と，熱雑音によるノイズを差し引いた画像が得られます．

図 3-15 ダーク画像の差し引き

2．フラット画像の取得

撮像素子に同じ強度の光が入ってきても，記録される値が異なることがあります．こうした不均

一性(ムラ)を補正するには，均一な光が入ったときの画像(フラット画像)を撮影して補正します．理想的なフラット画像を得るには，面光源を無限遠に置いて，天体画像を撮影するのと同じ条件で撮ればよいのですが，それは不可能なので，現実にはさまざまな工夫をすることになります．

一番簡単なフラット画像の撮影方法は，図3-16のように，筒先に光を拡散する板(不透明なアクリル板など)を付けて撮像する方法です．これを「拡散板フラット」といいます．ほかにも撮影機材や撮影環境によっては，さまざまな方法が使われます．

フラット画像は，十分に光を入れて，各画素のカウント値が大きくなるようにします．ダーク画像と同じように，複数のフラット画像の平均画像を作ると精度が上がります．フラット画像に対しても，同じ露出時間，感度，温度条件でダーク画像を撮影しておきます．フラット補正は，次のような手順で行います．

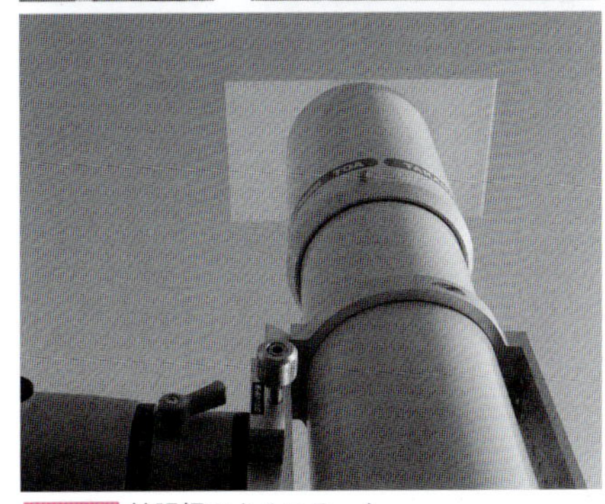

図3-16 拡張板によるフラット

(1) フラット画像から，フラット画像用のダーク画像を引きます(p.107)．

(2) 引き算した画像のカウント値の平均値を調べます(p.85)．

(3) 引き算した画像を，(2)の平均値で割り算(p.107)します．

平均値と各画素のカウント値の比となった(3)の画像が，フラットデータと呼ばれるものです．この比は，均一な光に対して，明るく写る，あるいは暗く写るという画素ごとの特徴を表している画像となっています．そこで，ダーク画像を引いた天体画像を，この画像で割り算を行います．

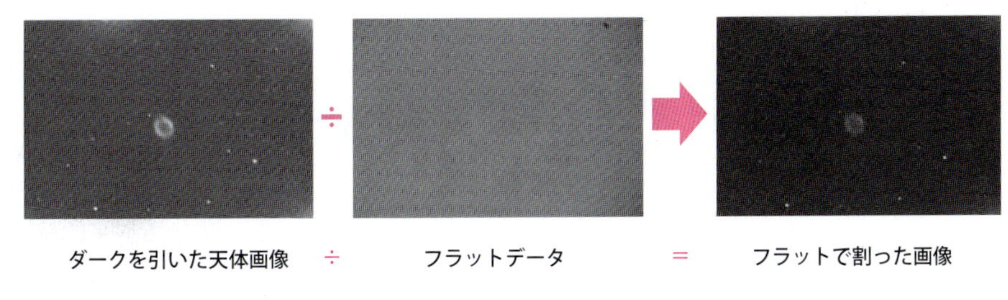

図3-17 フラットデータの割り算

3. マカリによる1次処理

1次処理は，画像処理の基本的な処理ですから，マカリにはそのための便利な機能が付いています．いちいち画像の引き算，割り算をしなくても，「元の天体画像」，「ダーク画像」，「フラット画像」，および「フラット画像用のダーク画像」を指定すれば，一度に処理をすることができます(p.111)．つまり，メニューとして，p.39に示した画像演算を自動的にしてくれるのです．

6 画像演算機能を使いこなす

マカリの画像演算は，さまざまな機能が備わっています．マカリは，あくまでも「解析ソフト」ですので，その機能は，写真を美しくするための機能ではありません．観測されたデータを画像演算により，使用目的にあった画像にする場合の注意点をあげてみましょう．

1．加算平均と中央値

画像演算の中で，画像合成によく使うものとして，「加算平均」と「中央値」があります(図3-18)．

「加算平均」は，その名のとおり，合成する画像のそれぞれのピクセルごとのカウント値を平均した結果を出力するものです．「中央値」は，合成する画像のそれぞれのピクセルのカウント値を順番に並べ，真ん中にくるデータを出力するものです．

これらの処理の違いは，たとえば，5枚の画像のデータが(3, 5, 4, 6, 5)の場合，加算平均の値は4.6です．中央値は5となります．ファイル数が奇数のときには，そのまま真ん中のデータですが，偶数のときには両側のデータの平均が中央値として出力されます．

フラット画像など，S/Nのよい画像を比較的多く合成する場合は，加算平均でも中央値でもあまり変わらない値を返してきます．通常は，加算平均の方が誤差が少ない値になることが多いのですが，天体を長時間露出すると，宇宙線などのランダムなノイズが入ることがあります(図3-19)．このようなノイズがある場合，加算平均ではノイズが残ってしまうため，中央値の方がよい結果を

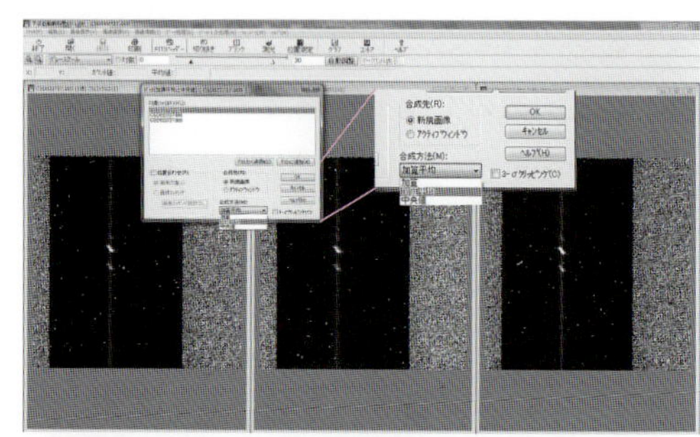

図3-18 加算平均と中央値の違い

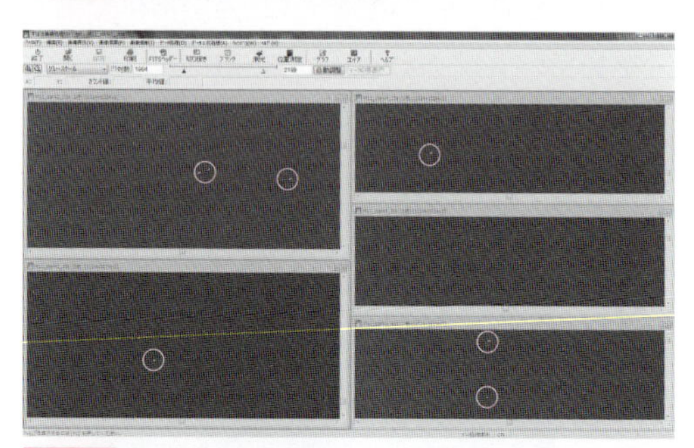

図3-19 宇宙線ノイズの例

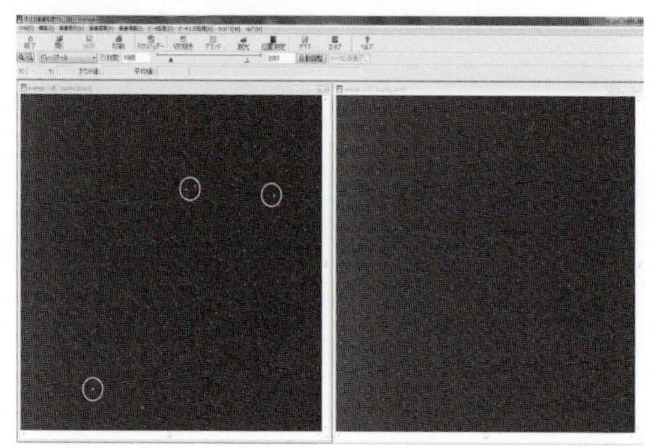

図3-20 加算平均と中央値の出力比較

出す場合があります(図 3-20).

2. σクリッピングを使う

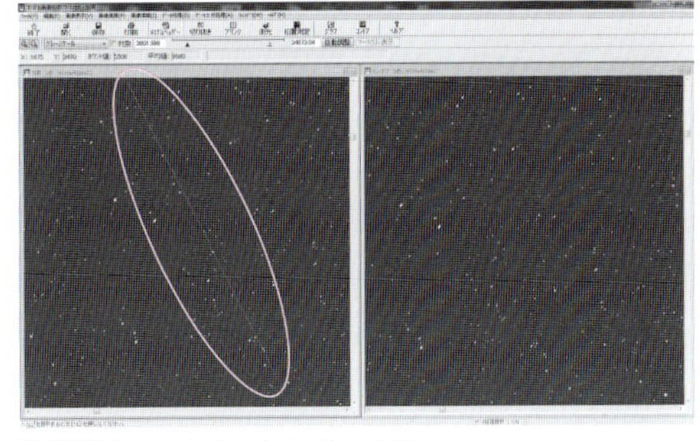

図 3-21 3σクリッピングの効果

宇宙線などランダムノイズがある場合，中央値を使用したほうがよいのですが，中央値も決して万能ではありません．データの枚数が少なくバラつきが大きい場合には，誤差も大きくなる傾向があります．そこで使用するのが，加算平均にσクリッピングをかけることです．統計処理の手法でσは標準偏差のことです．マカリの加算平均では 3σクリッピングという各ピクセルごとのデータが，平均値からσの 3 倍以上離れた値を除外して平均を取るという機能があります．この機能を使用することで，誤差を最小限にとどめることができます(図 3-21).

ただし，この機能も万能ではありません．もともと悪い画像やデータ数の少ないものには効果がありません．また，移動天体のデータ画像や新天体の検出に使用すると，目的の天体を除去してしまう可能性があります.

画像演算を行う場合は，「加算平均」，「加算平均(3σクリッピング)」，さらに「中央値」のどれが一番有効であるかを見極めながら行いましょう.

3. 画像回転における注意点

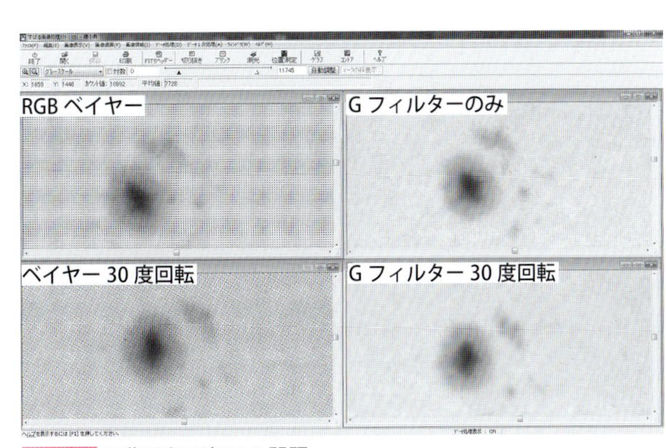

図 3-22 画像回転で起こる問題

複数の画像を重ね合わせるとき，撮影した画像の位置や向きがまったく同じであれば，そのまま重ね合わせればよいのですが，画像の向きが異なるときは「画像回転」行う必要があります.

デジタルカメラの RAW を FITS に変換するとき，できるだけ解像度を維持するために，補間処理のされていないベイヤー配列のデータを作ったとします．そのデータを回転するとどうなるでしょうか．RGB の各フィルターは整然と縦横に並んでいます．そのデータを 30 度回転したら，「本来は存在しない傾斜した配列のピクセルデータ」になります．このような問題を解消するためためには，RGB それぞれのフィルターデータを別々に読み出す必要があります(p.36)．図 3-22 は，実際に RGB 混在のデータと G のデータのみのものをそれぞれ 30 度回転したものの比較です．ベイヤー配列のまま回転したものは，RGGB の配列が回転前とは異なることがわかります.

7 さまざまな画像処理ソフトウェア

デジタルカメラの画像を処理するにはパソコンのソフトウェアを使います．画像処理用のソフトウェアは多種多様なものがありますが，ここでは，本書で扱うような天体画像の処理に使えるソフトウェアのうち無償で使えるフリーソフトを中心に紹介します．

1．天体画像のデータ解析に使えるソフトウェア

本書で天文データ解析に使うことを想定しているマカリは，無償で使え，日本語メニューにも対応しており，こうした天文データ解析に使えるソフトウェアとしては最も手軽に入手して使えるものです．マカリ以外で同様のデータ解析に使えるソフトウェアとしては次のようなものがあります．

【iris*3】Christian Buil 氏開発の天文ソフトです．JPEG や FITS フォーマットのファイルに加えデジタルカメラの RAW ファイルの読み込みもでき，FITS への変換も可能です．ダーク・フラット処理などの1次処理から，天体スペクトルの解析まで一通りの機能が揃っています．英語メニューであることとアップデートが止まっているのが気がかりなところです．

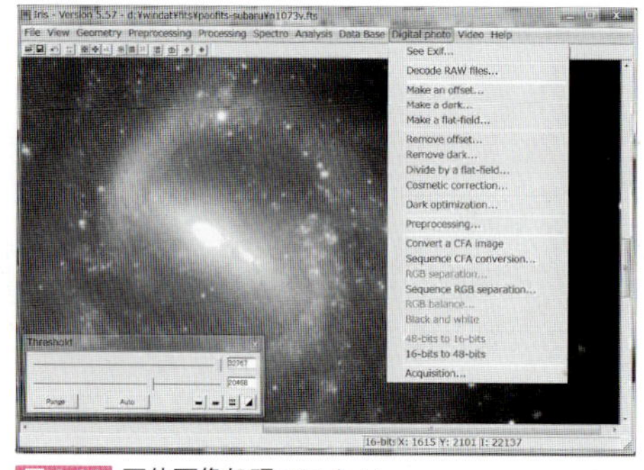

図 3-23 天体画像処理ソフト iris

【ステライメージ*4】アストロアーツ社が販売している天文画像処理ソフトです．マカリのスーパーセットというべき上位機能を備えており，RAW フォーマットを含む各種画像の読み書きから高度な画像処理機能まで含んでいます．国産の天文ソフトでは最も普及していて標準的に使われています．高度な機能が欲しい，という場合には有力な選択肢でしょう．

2．FITS 画像の表示や変換に使えるソフトウェア

天文分野で標準的に使われる FITS フォーマットの画像を読み表示できるソフトには次のようなものがあります．

【SAOimage DS9*5】スミソニアン天体物理観測所（SAO）で開発されている DS9 は，FITS 画像の表示と操作ができるソフトです．コントアの作成，画像の縦横方向の明るさのグラフ，バ

イナリテーブルなどの画像以外のデータを含むような複雑なFITSデータにも対応しています．Windows, Mac, およびLinux版があり，高い頻度でバージョンアップが行われています．基本的には英語メニューですが，Mac版は日本語化されています(図3-24)．

【SalsaJ*6】ヨーロッパの14カ国で共同開発された画像処理ソフトです．Windows，Mac，およびLinux版があり，マカリと同等の機能をもちます．英語版のみですが，マニュアルや各種教材もホームページに用意されています．

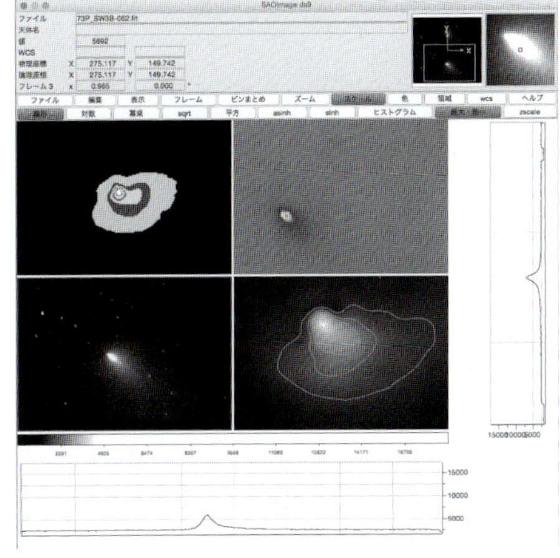

図3-24 SAOimage DS9(Mac版)

3. 特定の用途に使えるソフトウェア(フォーマット変換や1次処理)

特定の用途で使われるソフトウェアとしては次のようなものがあります．

【raw2fits】，【raw2fits_win】デジタルカメラのRAWファイルからRGBのデータを抜き出し，FITSファイルにするソフトがraw2fitsです(p.37)．マウス操作で使うための簡易呼び出しソフトraw2fits_winが配布されています(p.37)．

【DeepSkyStacker*7】天体画像の1次処理を一気にやってくれるソフトウェアです(図3-25)．デジタルカメラのRAWファイルにも対応しており，手軽に1次処理をすませて，きれいな天体画像を得ようとする場合は有用でしょう．各種言語版がありますが日本語版はないようです．

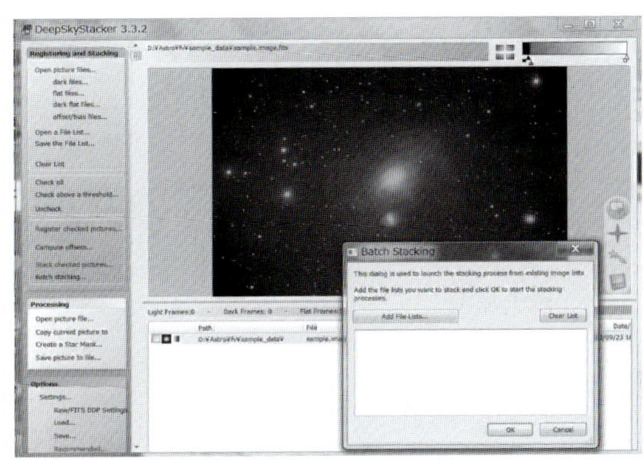

図3-25 DeepSkyStacker

*3 http://www.astrosurf.com/buil/us/iris/iris.htm
*4 http://www.astroarts.co.jp/products/stlimg7/index-j.shtml
*5 http://ds9.si.edu/site/Home.html
*6 http://www.euhou.net/index.php/salsaj-software-mainmenu-9?task=view&id=7
*7 http://deepskystacker.free.fr/english/index.html

第4章

天体写真から こんなこともわかる!

ひとつの天体を何日も追いかけてみる.
明るさを測ってほかの天体と比べてみる.デジタルカメラで撮影した写真でも,
きちんと調べると,天体の重さ(質量)や進化のようすなど,
宇宙のことが思いのほか詳しくわかることに驚くことでしょう.
自分のデジタルカメラだけでは満足できなくなったときの
天体画像の入手方法についても紹介します.

1 ガリレオ衛星の動きと木星の質量

望遠鏡で木星を見ると4つの衛星がまわりを回っていることがわかります．ガリレオが発見したこれらの衛星（ガリレオ衛星）を撮影し，その動きを追跡してみましょう．衛星の観測から，木星の重さ（質量）を求めることにも挑戦してみましょう．

1．ガリレオ衛星の撮影

まずは木星にデジタルカメラを向けて撮ってみましょう．望遠レンズやズーム機能などを使って木星を拡大して写します．ガリレオ衛星が写っていることを確かめながら撮ってください．まずは木星が最も小さくなるようにピントを合わせ，さらに衛星が点になるように調節して撮影します(p.22)．

ピントが確定したら，いろいろな露出時間でたくさん撮影しておきましょう．露出時間が短いと暗い衛星がよく写りませんし，長すぎると木星の光がにじんだり星の像がブレたりして，あとの測定がしにくくなります．同じ露出時間でも，空気のゆらぎの影響できれいに写ったり写らなかったりします．

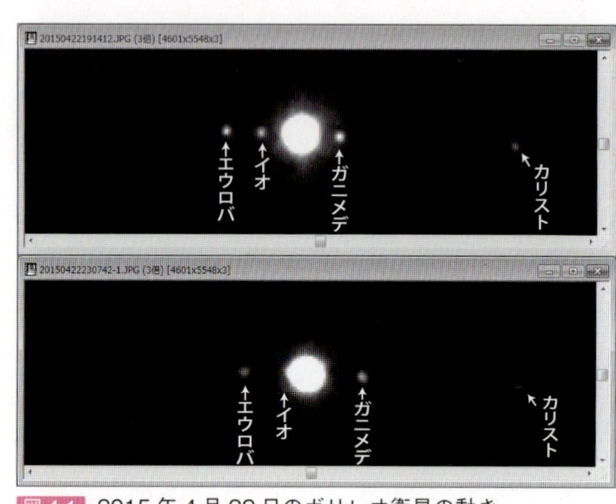

図 4-1　2015 年 4 月 22 日のガリレオ衛星の動き 18:14（上），23:07（下）

図 4-1 は 200mm の望遠レンズで撮影した 2015 年 4 月 22 日の木星とガリレオ衛星のようすです．一晩のうちに 1 ～ 2 時間あけて何度か撮影すると，その日の動きがわかっておもしろいです．何度か撮影すると，自分のカメラではどのくらいの露出が適当かわかるようになって，撮影も手早くできるようになります．カメラの時計は前もって合わせ，撮影した時刻が分単位できちんとわかるようにしておきます．

2．ガリレオ衛星の動きを調べよう

図 4-1 のように，ガリレオ衛星にはそれぞれイオ，エウロパ，ガニメデ，カリストという名前がついています．撮影のタイミングによっては一部の衛星が木星と重なったり木星の影に入ったりして，4 つすべてが写らないこともあります．画像に写っている衛星がそれぞれどれにあたるかは，名古屋市科学館のシミュレーションサイト[*1]や各種天文ソフト，『天文年鑑』の木星の衛星の運動図など

を参照するとよいでしょう．晴れた日をねらって何日か撮影を続けると，図 4-3 で示すように，衛星が回っているようすがよくわかります．マカリを使って，次のように衛星の位置を測ってみましょう．

(1) 画像をマカリで開き，衛星が見やすいように表示レベルを調整します．衛星が暗いときは，白黒を反転すると見やすくなります(p.85)．

(2) 位置測定機能(p.93)を使って，木星の中心座標(x_J, y_J)と各衛星の中心座標(x_S, y_S)を測定します．測定方法は重心，半自動を選びます．その際，半径の数字は，木星と衛星それぞれのサイズ(ピクセル)に合わせて，木星の場合は大きめ，衛星の場合は小さめの数字を指定するようにします．

(3) 星をクリックすると，ダイアログに中心座標が表示されるので，ソフトが判断した中心位置が間違いないことを画面上のマークで確認し，その数値を記録します．木星と写っている衛星すべてについて，この作業を行います．衛星が木星やほかの衛星と接近しているときは，中心位置(画面上のマーク)が実際の中心とずれてしまうことがあります．その場合は半自動の半径の数字を小さくして再測定してみましょう．

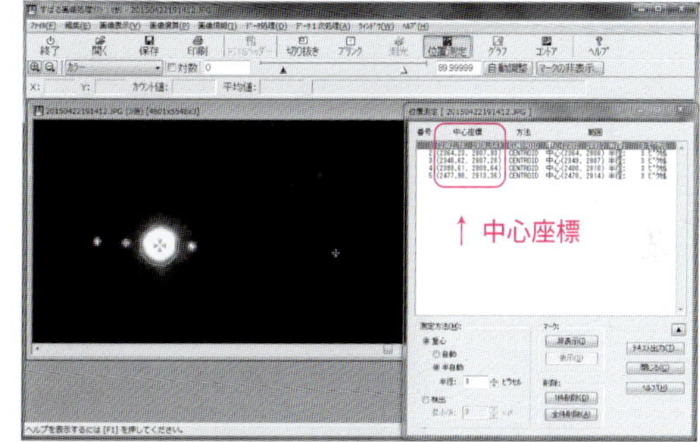

図 4-2 木星と衛星の中心座標を測定しているところ

(4) ここまでの作業を，撮影した画像それぞれについて行います．

木星と各衛星の距離(ピクセル)は，三平方の定理を用いてそれぞれの中心座標から次のように計算することができます．

$$(木星と衛星の距離) = \sqrt{(x_S - x_J)^2 + (y_S - y_J)^2}$$

図 4-3 はこのようにして測定した 2015 年 4 月の観測をグラフにしたものです．横軸は観測時刻を日の単位で表したもの，縦軸は衛星の木星からの距離(ピクセル)で，木星の西側がプラス，東側がマイナスになっています．

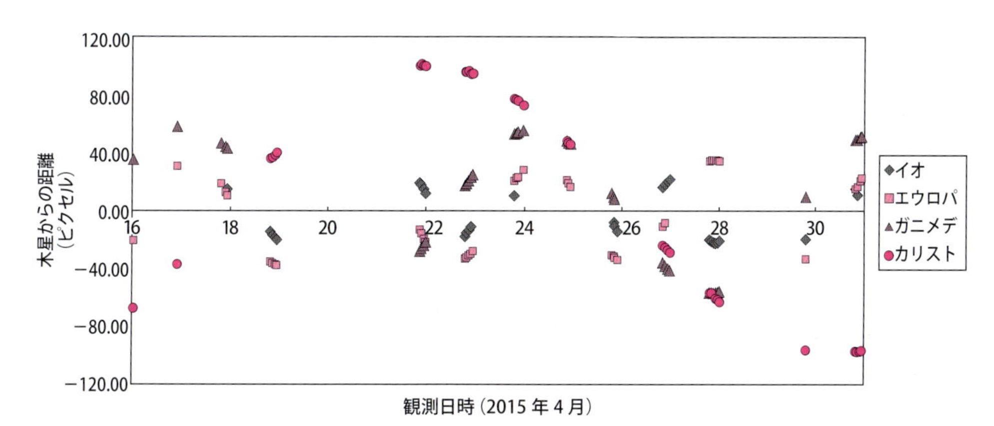

図 4-3 木星とガリレオ衛星の距離

*1 http://www.ncsm.city.nagoya.jp/astro/astrotool/juptool.html

図 4-3 からも概略はわかりますが，ガリレオ衛星は木星に近い軌道から順に，イオ 1.77 日，エウロパ 3.55 日，ガニメデ 7.16 日，カリスト 16.7 日の周期で木星のまわりを回っています．皆さんも自分の観測からグラフを描いたら，その周期を頭において，それぞれの観測点を結んでみましょう．先に紹介したシミュレーションサイトなどを参考にしてもよいかもしれません．ガリレオ衛星の運動は，円運動を真横から見るかたちに近いので，それを結んだ線は三角関数のサインカーブのようになります．図 4-4 は上のような周期のサインカーブを図 4-3 に重ねたものです．

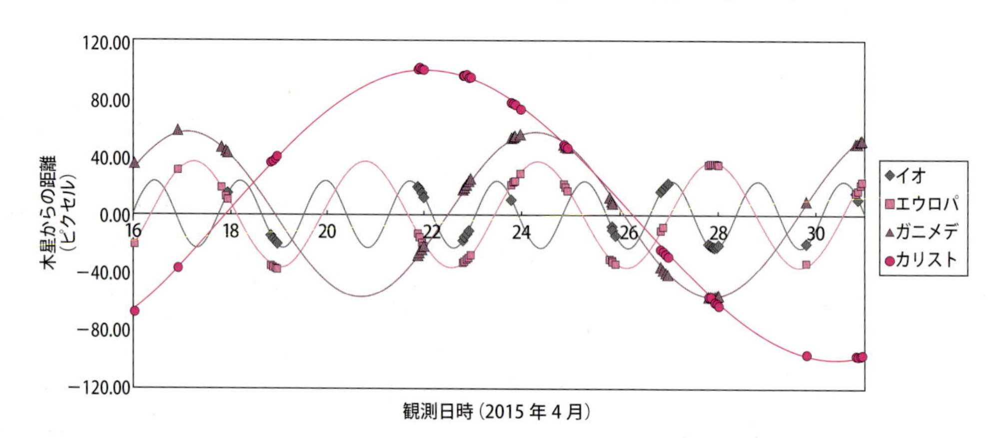

図 4-4 ガリレオ衛星のそれぞれの動き

3．木星の質量を求めてみよう

惑星のまわりを回る衛星の動きは，その惑星の重力に支配されたケプラー運動になります．このとき惑星の質量は，衛星の軌道半径と公転周期を用いて，次のような式で計算することができます．

軌道半径(a)の 3 乗と公転周期(P)の 2 乗の比をとると一定になるというケプラーの第三法則は，ニュートンの万有引力の法則を用いると，次のように表すことができます．

$$\frac{a^3}{P^2}=\frac{GM}{4\pi^2}$$

ここで，G は万有引力定数，M は惑星の質量です．実際の距離である軌道半径(a)は，第 1 章の「すばるの大きさは何光年？」(p.8)と同じ方法で，“木星と衛星の見かけの軌道半径(角度)”と“そのときの木星と地球の距離”を掛け算することで求めることができます．つまり，あなたも次のような方法で，はるかかなたの木星の質量を測ることができるのです．

(1) (どの衛星でもよいので)衛星が木星から最も離れているときを見計らって撮影します．

(2) 木星と衛星の見かけの距離(ピクセル)を 2.(ガリレオ衛星の動きを調べよう)で述べたような方法で測り，カメラの画角(p.35)をもとに見かけの軌道半径(角度)に換算します．

(3) 観測時の地球と木星の距離は，国立天文台暦計算室，暦象年表の「惑星の地心座標」ページ*2 から得ることができます(地心距離)．この値と見かけの軌道半径(角度)を掛け算して，実際の軌道半径(a)を求めます．

(4) 衛星の公転周期は 2. の最終段落のとおりなので，それと(3)で求めた軌道半径(a)の値

を前ページの式に代入して，惑星の質量(M)を計算します．

2. で示した観測をもとに，実際に計算してみましょう．

(1) カリストが最も木星から離れていた4月21日夜の撮影画像を使うことにします．

(2) 木星とカリストの距離は，マカリで測定すると101ピクセルでした．カメラの焦点距離は200mm，受光素子はAPS-C(横幅22.3mm)[*3]だったので，画角は$arctan(22.3/2/200) \times 2=6.38$度になります(p.35)．画像の全体幅は4752ピクセルなので，カリストの見かけの軌道半径は$6.38 \times 101/4752=0.136$度になります．

(3) 観測時刻の地球と木星の距離は，国立天文台暦計算室のページによると7.57億km（5.06au）だったので，カリストの実際の軌道半径(a)は$2 \times 3.14 \times (7.57 \times 10^8) \times \dfrac{0.136}{360} = 180$万kmということになります(p.9)．

(4) 万有引力定数$G = 6.67 \times 10^{-11}$ [$m^3/kg \cdot s^2$] なので，軌道半径(a)をメートルに，公転周期$P = 16.7$日も秒に直して，前ページの式に代入すると，

$$\frac{(1.80 \times 10^9)^3}{(16.7 \times 24 \times 3600)^2} = \frac{(6.67 \times 10^{-11})M}{4\pi^2}$$

となります．これから木星の質量$M = 1.66 \times 10^{27}$kgという結果が得られます．地球の質量は5.97×10^{24}kgなので，その278倍ということになります．『理科年表』によると実際の質量は地球の318倍なので，13%の誤差で木星の質量が計算できたことになります．

まったくの偶然ですが，4月27日の夜にはイオ，エウロパ，ガニメデの3衛星が同時に木星から最も離れた“最大離角”になりました．このときのデータから同様に木星の質量を求めると，イオからは1.72×10^{27}kg，エウロパからは1.58×10^{27}kg，ガニメデからは1.68×10^{27}kgという値が得られました．

ケプラーの法則は太陽系の惑星だけでなく，木星の衛星系にも，土星の衛星系にも，ほかの恒星をまわる惑星系にもあてはまります．そしてa^3とP^2の比は，どの系においても引力をおよぼしている天体の質量だけで決まっています．惑星の運動から太陽の質量がわかるだけでなく，連星の運動の観測からさまざまな恒星の質量がわかり，その性質を調べることができるのも，万有引力の法則のおかげです．宇宙のどこにおいても，すべてのものに同じ性質(法則)の力がはたらく，という万有引力の発見は，いかに大きなことだったかがわかります．

質量Mの天体のまわりを，十分に小さな質量mの物体が周期Pで半径aの円軌道を描いて運動をしているとします．このとき公転速度vは$\dfrac{2\pi a}{P}$となるので，遠心力$m\dfrac{v^2}{a}$は$m\dfrac{4\pi^2 a}{P^2}$と表すことができます．この遠心力と引力$G\dfrac{Mm}{a^2}$が釣り合っていることから$m\dfrac{4\pi^2 a}{P^2} = G\dfrac{Mm}{a^2}$となり，この関係式から本文中の式$\dfrac{a^3}{P^2} = \dfrac{GM}{4\pi^2}$を得ることができます．

*2 http://eco.mtk.nao.ac.jp/cgi-bin/koyomi/cande/planet.cgi

*3 APS-Cの大きさは機種によって若干の違いがあるので注意が必要です．上記の値はキヤノンのもの．

2 彗星を追う

夜空に突然現れて注目を浴び，天文学者を慌てさせるのが「彗星」です．観測体制も整わないうちに明るくなり，きらびやかな姿を見せたかと思うと，みるみるうちに暗くなり見えなくなってしまいます．彗星の観測・研究には，アマチュア天文家が大活躍しています．彗星の色や大きさを調べてみましょう．

1．簡単な彗星の撮影方法

彗星は太陽に近づくにつれて明るくなるため，観測は朝夕の地平線に近い空で行うことが多くなります．天文台の大きな望遠鏡は，低い空に向けることや広い範囲の写真を撮影することが不得意なため，尾を含めた見かけの広がりが月より大きくなるような彗星の観測には，望遠鏡レンズを付けたカメラが好都合になります．

図 4-5　Lovejoy 彗星（C/2014 Q2）
2015 年 1 月 13 日 17：20 撮影
f = 200mm，F = 2.8 の望遠レンズ

恒星と違って広がりのある天体は，背景の空の明るさの影響を強く受けます．しかし，最近のデジタルカメラの性能は，それを乗り越えるくらい進歩しています．図 4-5 は，光害の影響を強く受けている場所で撮影した Lovejoy 彗星（C/2014 Q2）です．このときの彗星の明るさは 4 等級でした．カメラを三脚に固定し，日周運動が気にならない露出時間，背景の空が明るくなり過ぎない感度に設定しました．露出は 1 秒，感度は ISO 12800 です（p.24）．

観測前後にレンズにキャップをかぶせて，同じ露出時間でダーク画像を撮り，フラット画像は，翌日に望遠レンズの前にアクリル板を置いて青空を撮影しました（p.41）．フラット画像用のダーク画像も撮影しました．

2．彗星の画像解析

マカリのグラフ機能（p.87）を使って，彗星の構造を調べてみましょう．彗星のコマ（中心付近の雲のようにぼんやり見えるところ）が入る程度の矩形範囲を指定して，コマの明るさグラフを描いてみましょう．JPEG のままですから，RGB のカラー情報がそのままグラフで表されます（図 4-6）．［テキスト出力］をすると，エクセルなどで読み込める CSV ファイルを出力することができます．

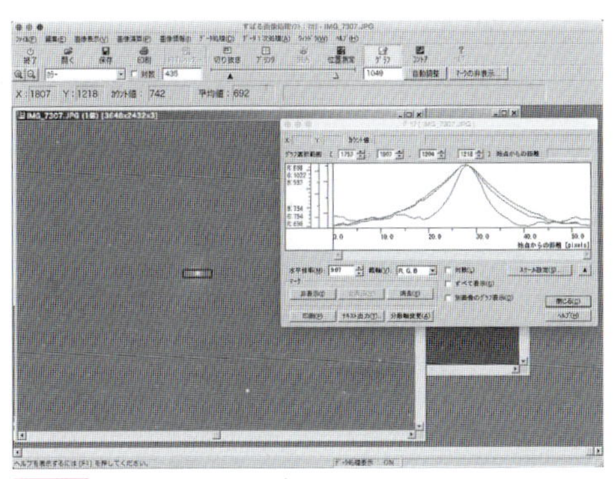

図 4-6 コマの明るさのグラフ

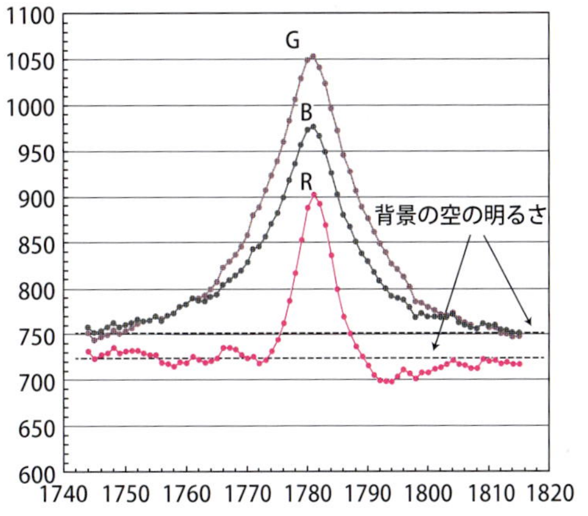

図 4-7 彗星のコマの RGB 各色の強度

(1) RGB 各色でくらべる

RGB 各色の明るさ分布を比較すると(図 4-7)，R 画像のグラフは背が低く，G 画像，B 画像の光は強くなっています．これらの特徴から，彗星の色が青緑に見える理由がわかります．また，グラフの形に注目してみると(図 4-8)，R 画像ではコマ中心の狭い範囲，G，B 画像はゆるやかに広い範囲まで光っています．

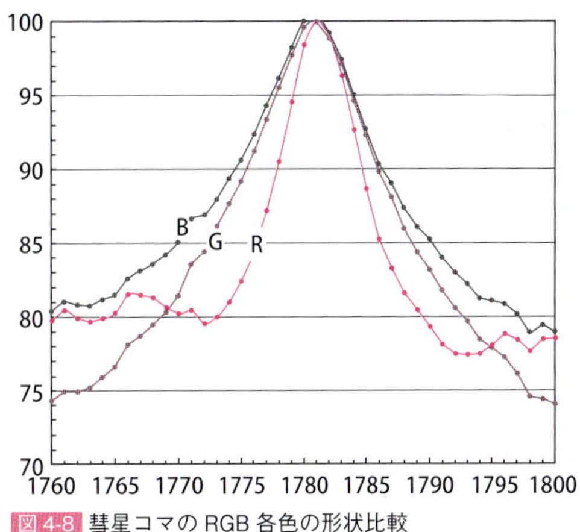

図 4-8 彗星コマの RGB 各色の形状比較
(最輝点を 100 として合わせてある)

図 4-9 は，彗星のスペクトルとデジタルカメラの RGB 各色の感度を表したものです．

彗星のコマは，C_2，CN，NH_2 などのガス成分の発光と，ダストが太陽の光を反射することで光っています．G 画像，B 画像の感度域には，かなり強い C_2 の発光が入っています．一方，R 画像には，NH_2 などの発光もありますが，ダストの反射光が多くなっています．

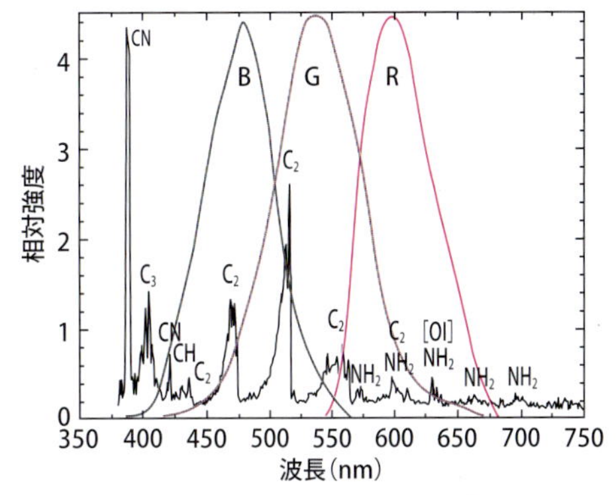

図 4-9 彗星のスペクトルと RGB 感度特性

つまり，デジタルカメラのカラー写真から，彗星のコマ内のガスとダストの分布が推定できるのです．彗星の中心にある核から氷が昇華するとき，氷の成分はガスとして広がっていき，混ざっていたダストも同時に放出されます．分子そのものであるガスに比べると，ダストの質量ははるかに大きいため，あまり遠くまでは広がりません．このようすが，RGB 各色の明るさのグラフとして観測されるのです．彗星ごとに，ガスとダストの割合は異なるため，比較してみるとよいでしょう．

(2) 彗星のコマの大きさを測る

図 4-5 の撮影を行ったとき，彗星の太陽からの距離(日心距離)は 1.316au(1.969×10^8km)，地球

からの距離（地心距離）は0.4903au（7.335×10^7km）でした．彗星のコマの見かけの大きさから，実際のコマの直径を測ってみましょう．

この観測に使用したカメラとレンズの組み合わせでは，この画像の1ピクセルは，角度で0°.0028であることがわかっています．図4-7に大まかに背景の空の明るさレベルを示していますが，G画像でコマの直径を調べると，60ピクセルくらいになります．コマの実際の直径は，p.9と同じ方法を用いて

$$2 \times 3.14 \times (7.335 \times 10^7) \times \frac{0.0028 \times 60}{360} = 215{,}000 \text{ km}$$

のように計算できます．

G画像から計算したガスのコマは，地球と月との距離，384,000 kmよりも，ちょっと小さいということになります．一方，R画像のコマの大きさから，ダストのコマはガスのコマの1/4程度ということがわかります．

日心距離に対して，このガスとダストのコマがどのように変化していくかを調べると，彗星の活動のようすがわかります．図4-10は，ガスのコマの変化のようすを調べた観測例です．太陽に近づくにつれてコマが大きくなっていくことがわかります．

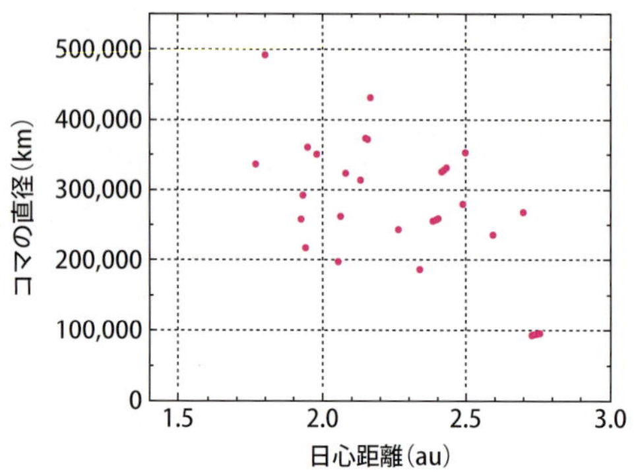

図4-10 ギャラッド彗星（C/2009 P1）のコマの直径の変化

3. 彗星の画像処理を極める

RAWの方が精度が上がりますが，ここではあえてJPEGを使って行ってみることにします．ダーク，フラット画像は5枚ずつ撮ってあります．まず，それぞれの平均の画像を作ります．

(1) JPEGでの1次処理

ダーク，フラットの画像は位置合わせはありません．合成先は新規画像，単純な加算平均を選び，3σクリッピングもせず，最も単純な平均画像を作ります（p.109）．ファイル名は，“comet_dark”，“flat”，“flat_dark”のようにつけておくとわかりやすいでしょう．JPEGは256段階の精度しかないのですが，マカリ内の演算は高精度で行っています．処理したファイルをJPEGで保存して読み込み直すと精度が256段階に落ちるため，すべての処理が終わるまでマカリ内にファイルを開いたままにしておくようにします．1次処理メニューでは，処理後の対応に「保存せずに開く」を選択します（p.112）．

(2) 画像の重ね合わせ

光害のもとでの観測では，彗星は淡いので少し工夫をします．得られた画像を重ね合わせて，彗星を浮き上がらせます．三脚に固定して撮影すると，何枚か撮影する間に，少しずつ日周運動で画面上で彗星の位置が変わります．もちろん，彗星そのものの固有の運動もあります．

まず，位置測定機能(p.93)を使って，彗星の中心座標を求めます(図4-11)．彗星の淡い広がり(コマ)の中心を求めるには，半自動のモードで半径を指定します．画像上で見えているコマよりも，少し小さめくらいが適しています．

次に，画像演算機能(p.108)を使います．基準となる彗星画像を決めて，［加算量］に〈表示画像〉を選び，各画像での彗星の位置のズレを補正しながら，画像を1枚ずつ加算していきます(図4-12)．何枚か重ねていくと，彗星がくっきり見えてくると思います．ここで，彗星の中心にマウスカーソルを当てると，JPEGフォーマットの256段階より大きな数値になっています．保存せずに，このまま続けましょう．

どうしても作業を中断せざるを得ないときには，背景の空の明るさだけ引き算しましょう．彗星のコマから少し離れた，恒星が写っていないところでマウスを動かしてください．ステータスバーのカウント値の表示から，だいたいの空のカウント値がわかると思います．画像演算機能の減算で〈定数〉を選んで，その値を入力します．これで，名前を変えて保存すると，重ね合わせた効果を保持することができます．TIFFで保存すると，JPEGよりも階調が多いため，よりよい精度で画像を保持することができます．

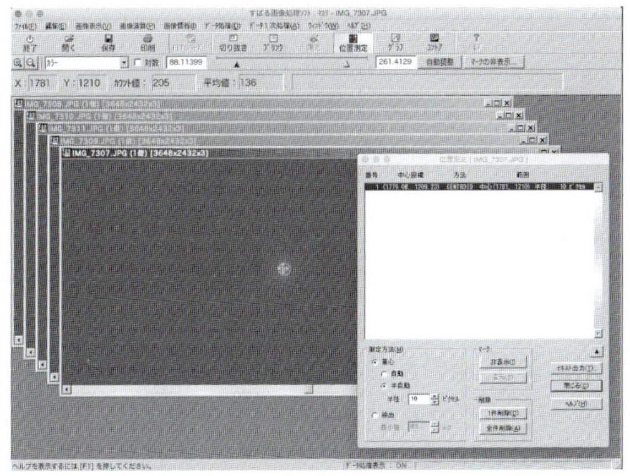
図4-11 彗星の中心座標を求めているところ

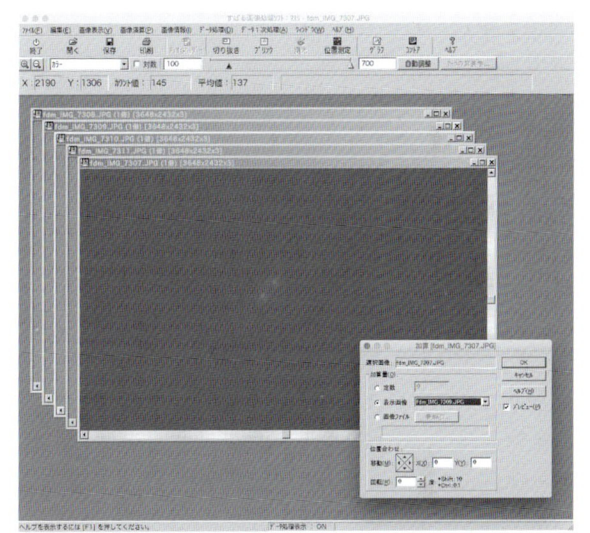
図4-12 画像の重ね合わせを行っているところ

彗星とは何か

彗星の軌道は，非常に細長い楕円です．直径が10km程度以下の小さい天体であるため，太陽から遠いときは，その姿はほとんど見ることができません．太陽との距離が火星軌道より近くなってくると，彗星特有の活動が始まります．彗星の本体(核)は，「汚れた雪玉」にたとえられます．太陽の光を受けて氷が昇華し，「汚れ」にあたる微小な岩石片(ダスト)も放出されます．ガスとダストは，核のまわりを取り巻き，ぼんやりとした雲のようなコマを作ります．さらに，ガスとダストが太陽と反対方向に流されて，彗星に特徴的な尾を作ります．

3 変光星の光度変化

恒星の中には，時間とともに明るさが変わるものがあります．回りあっている2つの星が互いに隠しあったり（食変光星），星じたいが膨張収縮したり（脈動変光星），さまざまな種類の変光星があります．デジタルカメラで手軽にできる変光星観測が，いま注目されています．

1. 変光星の撮影

(1) 撮影機材

デジタルカメラによる変光星観測は，星空を撮るということでは星野写真の撮影と特に変わりはありません．6等星くらいまでの明るい変光星であれば焦点距離が50mm程度のレンズ，8等星くらいまでなら135mm程度の望遠レンズを使います．焦点距離が長すぎると，写る範囲（写野）が狭くなり，目的の変光星と明るさを比較する恒星（比較星）が同じ写野に納めにくくなります．

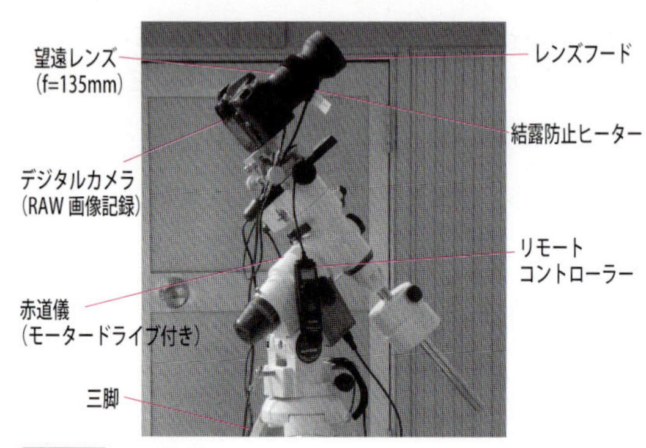

図 4-13 撮影機材

カメラを三脚に付けて固定撮影でも観測可能ですが，後で例を示す，数分おきに数時間の連続撮影を行うような変光星の観測の場合，赤道儀を使うと便利です．モータードライブ付きの赤道儀を利用すれば，自動で日周運動を追いかけて，最初に決めた写野と同じ位置に変光星が写り続けてくれます．

速い光度変化を示す変光星の場合，短い時間間隔の撮影が必要になります．そのようなときは，タイマー付きのリモートコントローラーを使うと便利です．一眼カメラでは，パソコンと接続してカメラを制御できるソフトウェア（メーカー配布）などもあります．一定の時間間隔で撮影ができると，データ整理が楽になります．また，長時間撮影を続けますからレンズフード，季節によってはレンズにつく夜露防止用のヒーターなども準備すると万全です．

(2) 撮影方法

星の明るさを観測する場合は，星像を少しぼかして撮影を行います(p.23)．光が集中し過ぎて飽和してしまうのを防ぐとともに，複数のピクセルで光を測ることによって誤差を減らすことができるからです．テスト撮影を事前にしっかり行って，どのピント位置でどのくらいの露出時間なら変光星や比較星が飽和せずにきちんと写るか，調べておきましょう．画像の保存フォーマットは，精

度が要求されるため RAW に設定します(p.29).

2. 食変光星(RZ Cas)の観測

食連星の動き
光度
副極小
極小
時間

図 4-14 食変光星の光度曲線（モデル）

ここではまず例として，カシオペヤ座 RZ 星の観測を示します．この星は食変光星で，食変光星は一般に図 4-14 のような光度変化を示します．RZ Cas は図 4-15 のような位置にあり，6.2 等級から 7.7 等級くらいの間を 1.2 日の周期で変化します．ここではもっとも大きく光度が変化する極小の前後をねらって観測を行いました．

食変光星の極小予想時刻は後に述べる方法で調べることができます．今回の観測では，予想時刻をはさむ前後 2 時間 30 分の間に 3 分間隔の撮影を行い(露出時間は 10 秒)，全部で 100 枚の画像を撮影しました．カメラのピントは，星像の直径が 10 ピクセルくらいになるようにぼかしました．

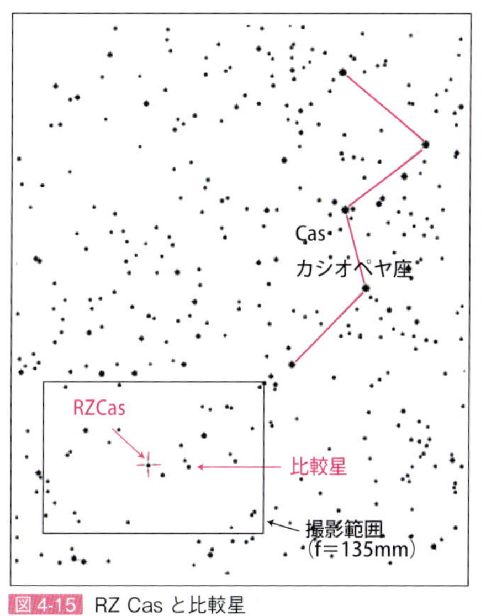

図 4-15 RZ Cas と比較星

3. 観測データの解析

(1) 画像フォーマットの変換と 1 次処理

撮影した RAW 画像は，raw2fits と raw2fits_win を使って FITS フォーマットにまず変換します(p.36)．フォーマット変換する前に，PhotoStagePro*4(フリーソフト)を用いてファイル名を撮影日時(YYYYMMDDTTMMSS)に変えておくと，画像の取り扱いが能率的になります．

今回の解析では RGB のうち G 画像(green フォルダの画像)のみを使用します．これは，G 画像による等級が，変光星観測によく用いられている「実視等級」と比較的よく対応するからです．観測時に撮影したダーク画像，フラット画像(p.40)についても同様に G 画像を作成し，マカリの 1 次処理機能を用いて測光用画像を作ります(p.111)．

(2) 明るさの測定と等級の計算

画像に写っている星の明るさは，マカリの開口測光機能(p.98)で測定することができます(図 4-16)．ただし，ここで得られる「カウント値」は露出時間や空の状態によって変化する値です．これを等級に直すためには，等級があらかじめわかっている比較星のカウント値と比較して計算を行う必要があります．計算は次の式を使って行います．

*4 http://www.rjtt.jp/sufirico/software.html

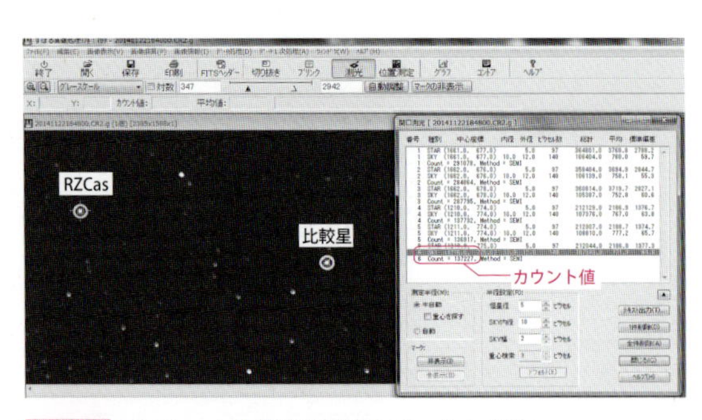

図 4-16 RZ Cas と比較星を測光しているところ

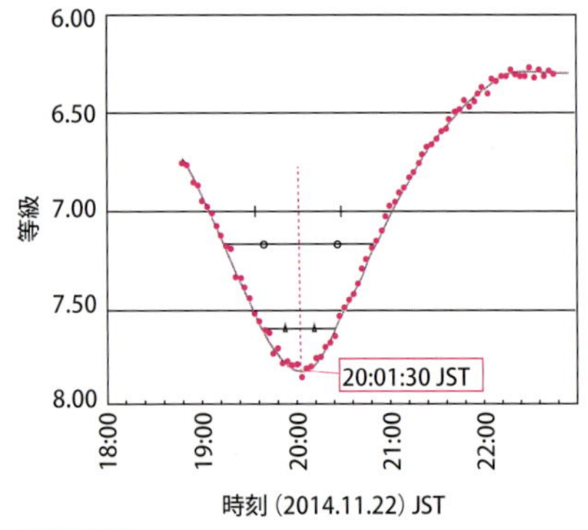

図 4-17 RZ Cas の光度変化と極小時刻

$$(\text{求める星の等級}) = (\text{比較星の等級}) - \frac{5}{2} log_{10} \frac{(\text{求める星のカウント値})}{(\text{比較星のカウント値})}$$

星の等級は，明るさが 100 倍になると 5 等級明るく(小さく)なります．等級を知りたい星のカウント値が比較星の 100 倍(対数にすると 2)あれば，等級は比較星よりも 5 小さい値になります．この関係を数式にしたのが上の式で，ポグソンの式と呼ばれています．

どの星を比較星とするかについては後で説明しますが, ここでは図の位置の星 HIP12821 (5.95 等)を比較星に選びました．たとえば 2014 年 11 月 22 日 19 時 30 分に撮影した画像では，RZ Cas のカウント値は 75432，比較星のカウント値は 302078 だったので，RZ Cas の等級は 5.95 − 2.5 × log (75432 ／ 302078) より 7.46 等級ということがわかります．このような測定と計算を画像ごとに行い，等級の変化をグラフにしたのが図 4-17 です．だいたい 20 時 01 分頃に極小を迎えたことがわかります．

4. 変光星を観測しよう

(1) 変光星図と比較星

ここでは RZ Cas を例にしましたが，それ以外の変光星を観測したいときはどうしたらよいでしょうか. たとえば, 日本変光星研究会[*5] の変光星図のページには，比較的観測しやすい変光星について，それぞれの星図が変光範囲や周期とともに掲載されています．また，これは食変光星に限られますが，永井和男氏の食変光星観測のページ[*6] にもたくさんの変光星図が掲載されています．図 4-18 は永井氏のページの RZ Cas の例で，図の中の数字はそれぞれの星の等級を示しています．上の解析で用いた 5.95 等級

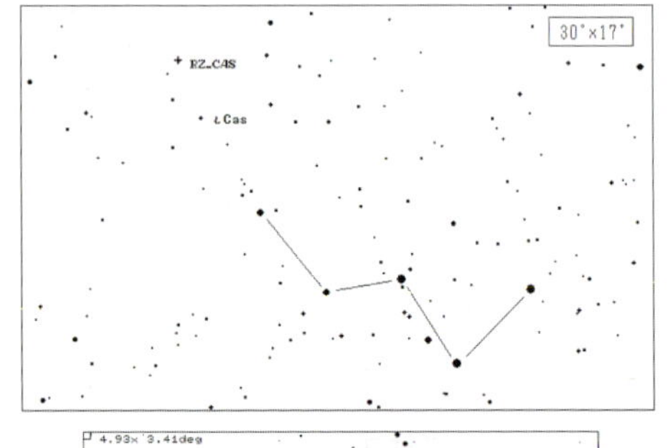

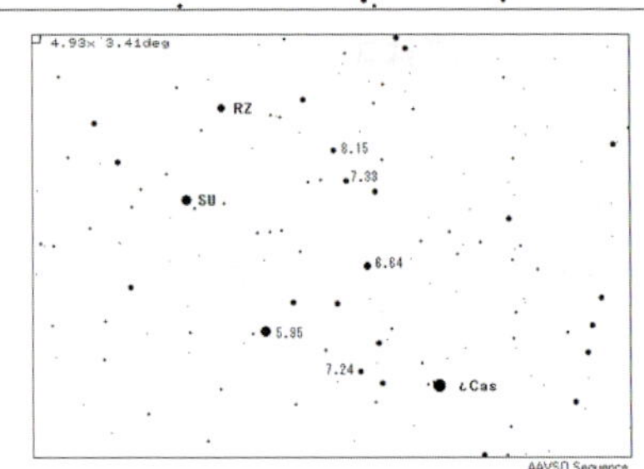

図 4-18 RZ Cas と比較星の星図

*5 http://nhk.mirahouse.jp/
*6 http://eclipsingbinary.web.fc2.com/index-j.htm

の比較星はこれを参考に選んだもので，ほかの変光星の場合も，このような星図を参考に比較星を選んで観測します．

(2) 変光星の推算極小，推算極大

手始めに行う観測としては，先に示したような食変光星の極小が比較的取り組みやすいと思います．食変光星が極小となる日時については，『理科年表』などに予報が掲載されていますので参考になります．また，ポーランドMt.Suhora天文台の食変光星のページ*7（図4-19）のように，星座名（たとえばカシオペヤ座ならCas）をクリックして，さらに次のページで変光星名（たとえばCAS RZ）をクリックすると，その星の極小日時を表示してくれるサイトもあります（図4-20）．

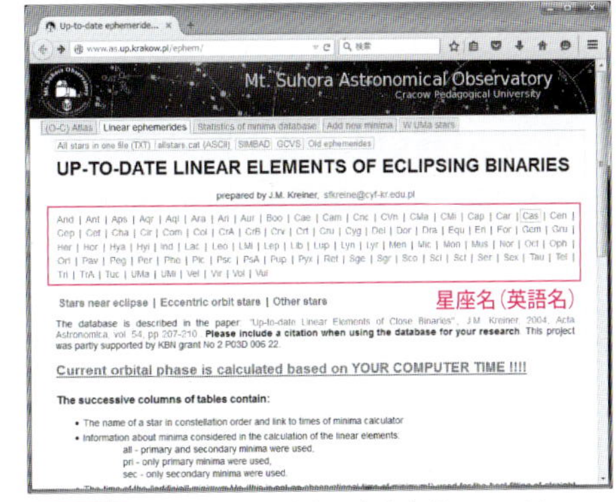

図4-19　Mt.Suhora天文台の食変光星のページ

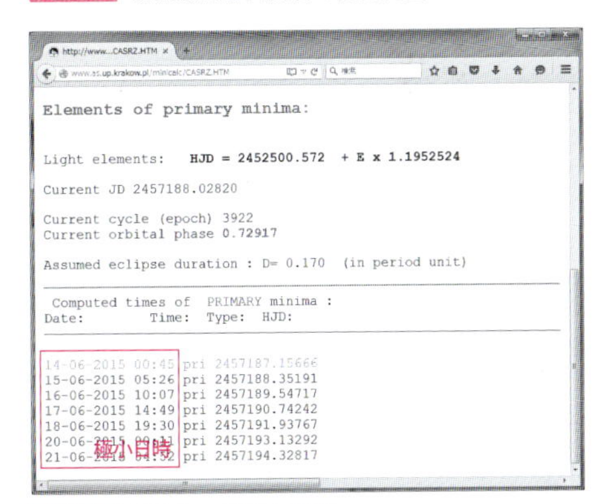

図4-20　RZ Casの極小予報
閲覧したPCのタイムゾーン（ここでは日本標準時）の時刻で表示されます

脈動変光星にはさまざまなタイプのものがありますが，『理科年表』には「長周期変光星の推算極大」というページがあります．周期が半年から1年程度あり，暗いときは十数等級になってしまうので観測が難しいですが，極大の前後は明るいので比較的簡単に観測することができると思います．

極小日時や極大日時の情報はありませんが，『理科年表』の天文部「変光星」のページには，そのほかにもさまざまな種類の変光星がリストアップされています．セファイド変光星（周期1日～数十日）の変光周期を観測すると，その星までの距離を求めることもできます．

ユリウス日

天体観測ではユリウス日（JD）というものがよく用いられます．ユリウス日はB.C.4713年1月1日から数えた通しの日数で，時刻も小数を用いて表されます．年月日をユリウス日に直したり，その逆を計算したいときは，国立天文台暦計算室のページ*8を利用すると便利です．図4-20の中にも何カ所かJD（HJD）と書かれている箇所がありますが，ユリウス日を表しています．

*7　http://www.as.up.krakow.pl/ephem/
*8　ユリウス日→（年月日＋時刻）：http://eco.mtk.nao.ac.jp/cgi-bin/koyomi/cande/jd2date.cgi
（年月日＋時刻）→ユリウス日：http://eco.mtk.nao.ac.jp/cgi-bin/koyomi/cande/date2jd.cgi

4 色等級図の作成

夜空に輝く星々は，色や明るさに違いがあります．それらを測るだけで，星の誕生から最期の時を迎えるまでのドラマを知ることができます．色等級図は，恒星の進化を知るための重要な手がかりとなるグラフです．デジタルカメラを使ってすばる（M45）の色等級図を描いてみましょう．

1．色等級図とは

色等級図は，横軸に星の色，縦軸に明るさ（等級）をとり，その上に星をプロットしたものです（図 4-21）．横軸は，左にいくほど色が青い高温の星，右にいくほど色が赤い低温の星に対応しています．縦軸は，上ほど等級が明るい星，下が暗い星になります．

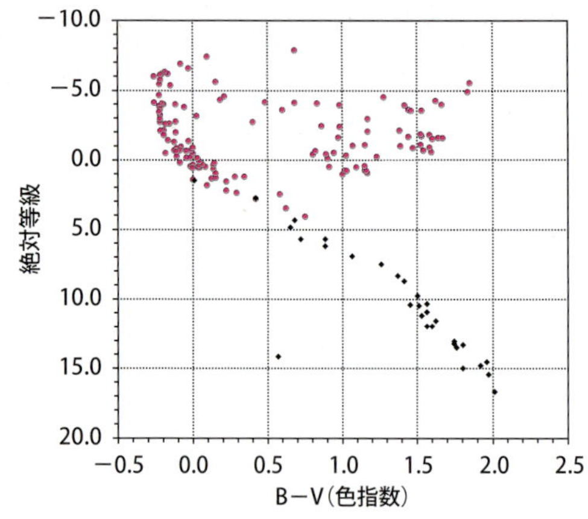

図 4-21 恒星の色等級図
『理科年表』のデータを元に作成

等級には，見かけの等級と絶対等級の 2 種類があります．見かけの等級は，ふだん私たちが星の見かけの明るさを表現するときの等級のことで，同じワット数で光っている星が 2 つあった場合，遠い方が暗く，近い方が明るくなります．一方，絶対等級は，星を一定の距離（10 パーセク = 32.6 光年）においたと仮定したときの等級で，同じワット数で光っている星ならば，距離にかかわらず同じ等級になります．

図 4-21 は，さまざまな星の見かけの等級をそれぞれの距離をもとに絶対等級に換算してプロットしたもので，星は図の上でランダムに分布しているわけではなく，いくつかのグループに分かれていることがわかります．

第 1 章でも取り上げたすばる（プレアデス星団：M45）の色等級図を後で作って示しますが，星団の星を対象に色等級図を作成することにはいくつかのメリットがあります．まず，星団の星は私たちからほとんど同じ距離にあるとみなすことができるので，絶対等級に換算せずに見かけの等級のままプロットしても，図 4-21 と同様の図を得ることができます．星団の距離がよくわからなくても同じような図が作成できるわけです．その際は，星団の距離の分だけ縦軸の等級値がシフトし，星の分布が縦にずれることになりますが，反対にいうと，そのズレの量を見積もることができれば，星団の距離を求めることも可能です．

また，星団の星は宇宙的なタイムスケールで考えると，ほとんど同時に生まれたと考えることができます．同じときに生まれた星が色等級図上でどのような分布を示すのか，さまざまな星団の色等級図を比べることによって，星や星団はどのように進化するのか，その星団の年齢はどのくらいか，といったことを知ることができます．これがもう１つのメリットです．

2. 星団の撮影から１次処理まで

色等級図を作成するために星団（散開星団）を撮影するには，焦点距離が 200 ～ 500mm の望遠レンズが適しています．コンパクトデジカメのズームレンズでも，かなり望遠にできるものがありますので，一眼デジカメでなくとも挑戦できます．一眼デジカメを使う場合は，望遠鏡に取り付けて撮影することも考えられます（p.27）．

図 4-22 ピントをずらして撮影した M45

この撮影では，明るい星が露出オーバーにならないように注意する必要があります（p.23）．星の等級をきちんと測るために，変光星の観測と同じように，星像を少しぼかして撮影するようにします（図 4-22）．日周運動でわざと流れた星像にする方法もあります．

画像の記録は RAW フォーマットで行います（p.29）．撮れた画像は raw2fits と raw2fits_win を用いて FITS フォーマットに変換します（p.36）．色等級図の作成には，RGB のうちの B 画像（blue フォルダの画像）と G 画像（green フォルダの画像）を使います．ダーク，フラット画像（p.40）も同様に撮影，FITS 変換を行い，B 画像，G 画像それぞれについて１次処理を行っておきます（p.111）．

3. 各色画像の等級と色指数

(1) 色指数とは

色等級図を作るためには，星の等級だけでなく色も測定する必要があります．星の色はどのようにして測るのでしょうか？　青い色の星と赤い色の星を比較してみましょう．G 画像で測定した等級が２つの星で同じだった場合，青い色の星は，赤い色の星に比べて B 画像の等級が明るくなるはずです．等級は小さいほど明るいことを表しますから，（B 画像の等級）－（G 画像の等級）の値は，青い星の方が値が小さくなります．星の色はこのように，２種類の色で測定した等級の差（色指数）で表されます．以下では B 画像から求めた等級を b 等級，G 画像から求めた等級を g 等級，その差を色指数 b － g と呼ぶことにします．色等級図を作るためには，ひとつひとつの星について b 等級と g 等級を測定し，それぞれについて色指数 b － g を計算することが必要になります．

(2) 等級の測定

それぞれの星の等級を測るには，変光星の観測と同様に，まず等級が明らかな比較星を選ぶ必要があります．いろいろな方法がありますが，ここではフランスの Strasbourg 天文台が開発した Aladin Sky Atlas を利用する方法を紹介します．

まず http://aladin.u-strasbg.fr/ にアクセスし，Aladin Desktop をダウンロードします．ダウンロードした Aladin.exe をダブルクリックすると，図 4-23 のようなウィンドウが開くので，上の方の Location 欄に見たい天体名(たとえば M45)を入力します．M45 の画像が表示されたら，次に Location 欄のすぐ下の Simbad というところをクリックします．たくさんのマークが現れますが，それらはひとつひとつがすべて天体を表しており，マークをクリックすると下の窓にその天体の情報が表示されます．図 4-23 では B 等級，V 等級を含む，おうし座 18 番星の情報が表示されていますが，以下ではこの等級をそれぞれ b 等級，g 等級の基準とすることにします*9．

図 4-23 Aladin sky Atlas

1つの星の b 等級と g 等級をそれぞれ測り，色指数 b − g を間違いなく求めるためには，B 画像と G 画像の両方を開き，星団の同じ場所が見えるように並べて表示するのがコツになります(図 4-24)．それぞれの画像で［測光］ボタンをクリックして開口測光を選び，測光ダイアログを表示します(p.98)．各ダイアログは天体の画像と重ならないようにずらしておきましょう．等級を決め

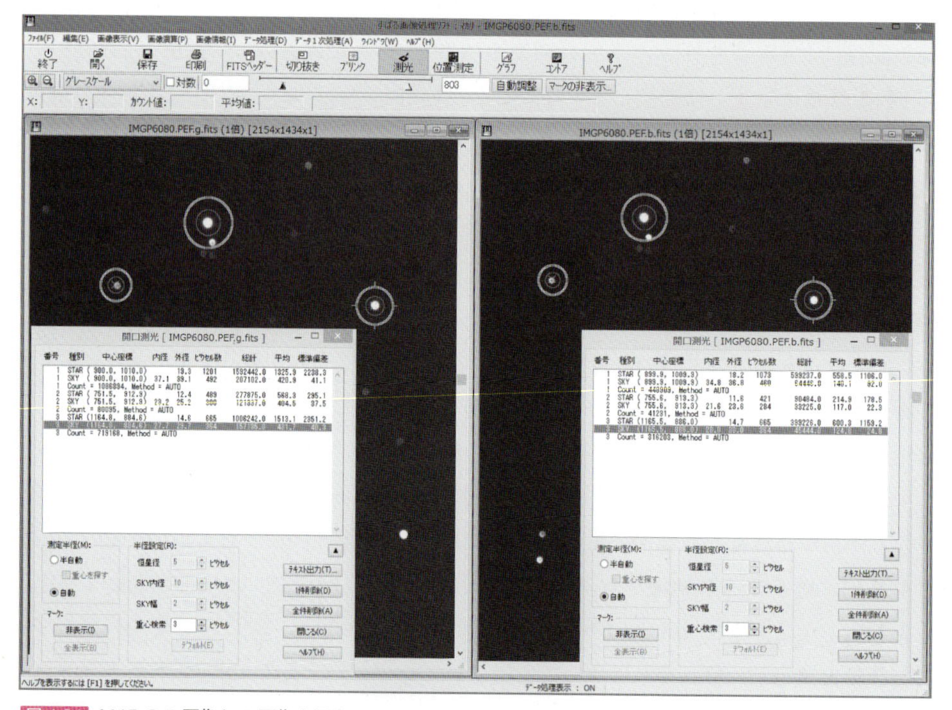

図 4-24 M45 の B 画像と G 画像を測光しているところ

*9 天文学の世界で 1 つの標準となっている B 等級や V 等級と，デジカメ画像の測定から得られる b 等級や g 等級は正しくは同じに扱うことはできませんが，p.35 の図のようにフィルターの波長域が比較的似ていることから，ここでは等級の基準として用いています．正確には，さまざまな補正が必要になります．

るための比較星(ここではおうし座 18 番星)を最初に測光すると，後の作業がわかりやすくなります．星ごとに B 画像と G 画像を交互に測り，測光する順番がずれないように気をつけましょう．測光マークの恒星径内やスカイの範囲内にほかの星がかからないように注意してください．

明るい星から暗い星までいろいろな明るさの星をまんべんなく測定すると，きれいな色等級図を描くことができます．星団の中の星を一通り測定し終わったら，ダイアログの［テキスト出力］ボタンをクリックして，データを CSV 形式で保存します．B 画像，G 画像の測光データがそれぞれ保存できたら，マカリの役割は終わりです．画像を閉じるときに「変更した結果を保存する」を選択すると，測光した結果が画像とともに保存されます．保存した画像を開くと，前回の測定の続きを行うこともできます．

(3) 等級と色指数の計算

それぞれの星の等級は，変光星の観測と同様に，ポグソンの式を用いて計算します(p.58)．図 4-25 は B 画像のカウント値から b 等級を，G 画像のカウント値から g 等級を，それぞれ比較星(2 行目)のカウント値，等級を用いて計算しているところです．色指数 b − g は b 等級から g 等級を引いた値になります．

D4　=D$2−2.5*LOG(B4/B$2)

	A	B	C	D	E	F	G
1		カウント値 (B画像)	カウント値 (G画像)	b等級	g等級	色指数 b − g	
2	比較星	282978	524237	5.57	5.64	−0.07	
3							
4	M45の星	56152	119065	7.33	7.25	0.08	
5	↓	282978	524237	5.57	5.64	−0.07	
6		41021	89211	7.67	7.56	0.10	
7		116210	216642	6.54	6.60	−0.06	
8							

Sheet1 Sheet2 Sheet3 コマンド 100%

図 4-25 等級と色指数の計算

4. 色等級図の作成

星の等級，色指数が計算できたら，表計算ソフトの「散布図」を使ってグラフを作ってみましょう．図 4-26 のように，横軸に色指数 b − g，縦軸に g の等級をとり，縦軸は明るい方が上になるように上下を反転します．

図をみると，M45 に属する星の色や明るさはばらばらに分布しているわけではなく，左上から右下へ(明るい星ほど青く，暗い星ほど赤い) 1 つの系列を作っていることがわかります．このような特徴をもつ恒星のグループを「主系列」といいます．あらためて図 4-21 をみると，図 4-26 と同じように主系列の星(主系列星)が並んでいることがわかります．恒星は一生の大部分を主系列の上ですごし，寿命が近づくと色等級図の右上の方に移動していくことがわかっています．主系列のどこに位置するかは，星の質量によって決まっています．いろいろな星団の色等級図を作り，星の進化のようすを調べてみましょう．

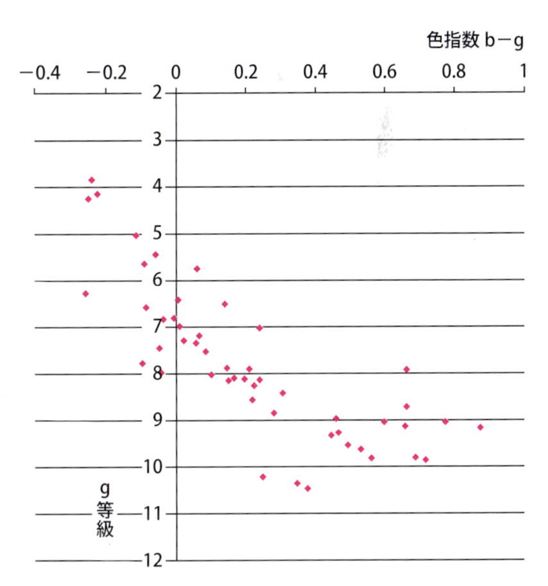

図 4-26 M45 の色等級図

5 太陽黒点の温度

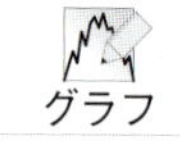

私たちの地球は，太陽によって暖められています．まぶしく光り輝く太陽の表面温度は，約 5800K（度）といわれています．その表面には，しばしば黒点が観測されます．黒点の温度はどのようになっているのでしょうか．マカリを使って測ってみましょう．

1．太陽黒点の撮影

太陽を撮影する際に，必ず必要なものが減光用のフィルターです(p.27)．少しの油断によって，眼を痛めたり，カメラの故障を招いたりするので，最大限の注意をはらいましょう．

太陽の撮影は，星空を撮る方法とはかなり異なります．感度は低くした方が，ノイズを抑えることができます．シャッタースピードは，減光フィルターの濃さにもよりますが，ブレないように速い速度がよいでしょう．画像の記録フォーマットは RAW にセットします．黒点の温度を求めるには，明るさを測定(測光)する必要があるので，ダーク，フラット画像も合わせて撮影しておきます．

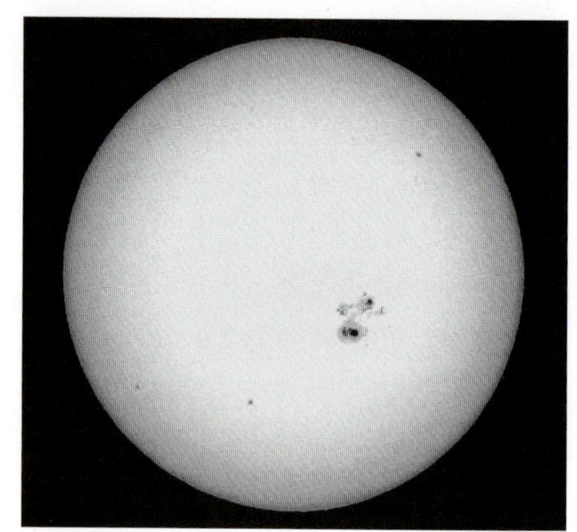

図 4-27 2014 年 10 月 24 日の大黒点

2．太陽黒点の明るさ

黒点は，実はこの後の測定からも分かるように，結構な明るさの光を放っています．黒点は周囲より明るさが暗いために黒く見えているのです．まずは，明るさがどのくらい異なるか，マカリの矩形測光機能(p.100)を用いて比較してみましょう(図 4-28)．

(1) raw2fits, raw2fits_win を使って，RAW 画像を FITS フォーマットに変換

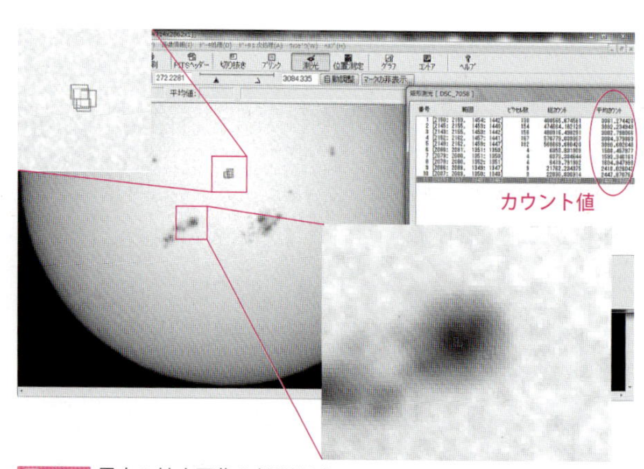

図 4-28 黒点の拡大画像と矩形測光

します．ここではG画像を使いますので，G画像について1次処理を行います．処理ができたら画像を開き，［測光］ボタンの次に矩形測光を選択します．

(2) 画像を数倍に拡大して，黒点を見やすくします．レベル調整をすると，暗部と半暗部(中心の黒い部分とそのまわりの薄黒い部分)がはっきりします．暗部の中心付近の最も暗い部分を矩形選択し，矩形内の平均カウント値を測定します．半暗部についても同様に測ってみましょう．

(3) 比較のために，光球(丸く見える太陽)の中心付近についても，測定した黒点と同程度の範囲を矩形選択し，カウント値を測定します．

図4-28の画像では，黒点の暗部が1531.7カウント，半暗部が2252.0カウント，光球中心が3081.8カウントという測定結果が得られました．つまりこの黒点は，一番暗いところでも光球中心の1/2近くの明るさで光っているわけです．

3. 太陽黒点の温度

地球が受け取る太陽放射のエネルギーの大きさや，太陽光のスペクトルのエネルギー分布から，太陽の光球の平均的な温度(有効温度)は，約5800Kと求められています[*10]．しかし，光球はガス体なので少し透けて見えていて，光球中心部ではより深い，温度が高い層が見えています(図4-29)．そのため，光球中心部の温度は，約6400Kであることがわかっています．

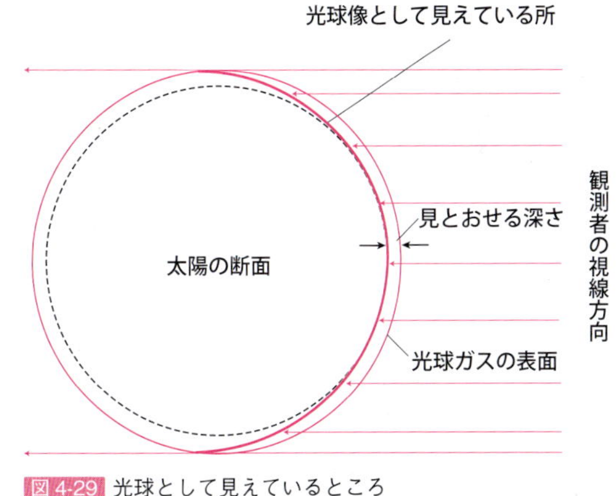

図4-29 光球として見えているところ

さて，太陽のようなガス体が放射する光の強さ(I)は，その温度(T)の4乗に比例することがわかっています(シュテファン・ボルツマンの法則)．このことから，黒点の明るさをI_S，光球中心部の明るさをI_0とすると，その比は

$$\frac{I_S}{I_0}=\frac{T_S{}^4}{T_0{}^4}$$　(ここでT_Sは黒点の温度，T_0は光球中心部の温度)

と表すことができるので，T_0 = 6400 Kより，黒点の温度T_Sは

$$T_S = 6400 \times \left(\frac{I_S}{I_0}\right)^{\frac{1}{4}}$$

という式で計算できることがわかります．上の測定例では，暗部，半暗部，光球中心のカウント値(光の強さ)がそれぞれ1531.7，2252.0，3081.8でしたから，

$$暗部の温度は\ T_S = 6400 \times \left(\frac{1531.7}{3081.8}\right)^{\frac{1}{4}} = 5400\ \mathrm{K}$$

*10 Kは絶対温度の単位．絶対温度は，摂氏の温度に273を加えたもの．

半暗部の温度は $T_S = 6400 \times \left(\frac{2252.0}{3081.8}\right)^{\frac{1}{4}} = 5900\ \mathrm{K}$

と求めることができます.

4. 黒点群の温度グラフ

3.(太陽黒点の温度)では黒点の暗部や半暗部の平均的な温度を求めましたが,温度は連続的に変化しています.その変化を見るために,マカリのグラフ機能(p.87)を使って黒点群全体を通るカウント値のグラフを作り,温度変化のようすを調べてみましょう.

(1) 黒点群を切るようにグラフの線をドラッグすると,カウント値のグラフが表示されます(図4-30).測光ダイアログの下部にある[テキスト出力]のボタンをクリックして,CSV 形式でデータを保存します.

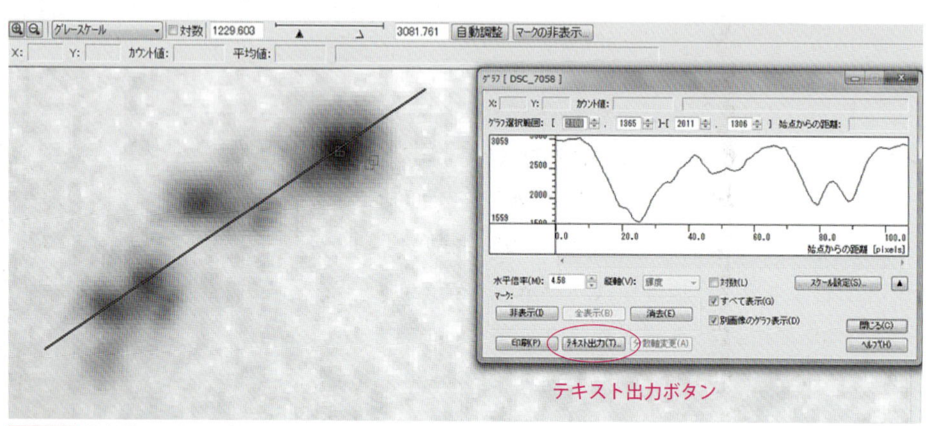

図 4-30 黒点群のカウント値

(2) 保存した CSV ファイルを表計算ソフトで読み込み,3.(太陽黒点の温度)で説明したカウント値から温度を計算する式をセルに入力して各点の温度を求めます(図 4-31).図 4-32 はこのようにして求めた温度を表計算ソフトの機能を使ってグラフにしたものです.

この方法を使うと,光球の縁近くに見える白斑などの温度構造も調べることができます(図 4-33).黒点と反対に,白斑はまわりより温度が高い部分が見えているために白く明るく光って見えます.

D4 　 fx =6400*($C4/$C$2)^(1/4)

	A	B	C	D	E
1	X座標	Y座標	カウント値	温度	
2	光球中心		3081.8		
3					
4	2100.0	1365.0	2984.4	6349	
5	2099.0	1364.3	2981.7	6347	
6	2098.0	1363.7	2971.3	6342	
7	2097.0	1363.0	2999.8	6357	
8	2096.0	1362.3	3008.2	6361	
9	2095.0	1361.7	3004.1	6359	
10	2094.0	1361.0	3024.2	6370	

図 4-31 表計算ソフトによる温度の計算例

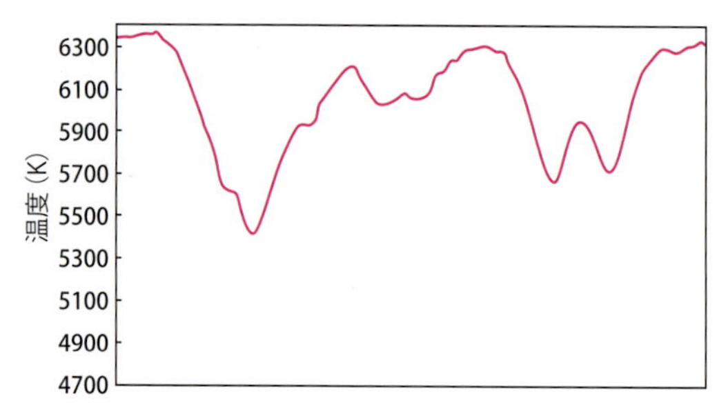

図 4-32 黒点群の温度グラフ

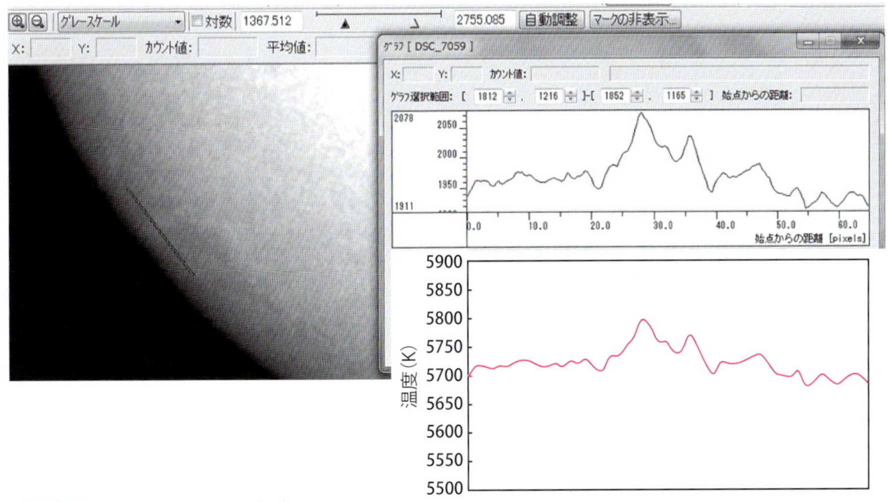

図 4-33 白斑とその周辺の温度グラフ

5. 散乱光の影響

明るさを測定した黒点には，実際には周辺の光球から散乱光が入り込んでいて，その本来の明るさより少し明るく測定されています．したがって，求められた温度は少し高めに出ています．

ここで行った観測ではそれがどのくらいになっているか，2012 年 6 月 6 日に起こった金星の太陽面通過時の画像(図 4-34)を使って見積もりをしてみました．

光球面を通過中の金星には太陽の光は当たっておらず，光量は 0 のはずです．しかし，黒点の暗部の光量を測光した方法と同じように金星の中心部を測光すると，一定のカウント値が得られます．表 4-1 は，金星に入り込んだ散乱光のカウント値を差し引いて求めた黒点の温度と補正前の温度を比較したものです．100K 以上の影響があることがわかります．散乱光の大きさには空気の層，減光フィルター，望遠鏡のレンズなどが関係しており，実際は撮影時の条件によってさまざまに変化します．

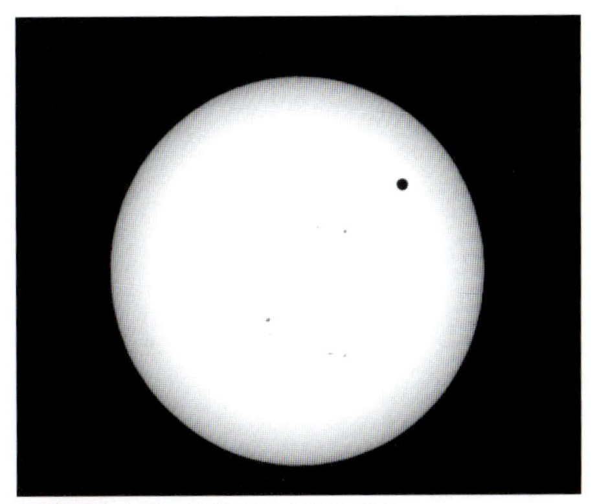

図 4-34 太陽面通過時の金星と黒点

表 4-1 散乱光の影響

	黒点 1	黒点 2
暗部カウント値	2500	2412
金星カウント値	301	301
補正後カウント値	2199	2111
温度（K）	4279	4241
補正後温度（K）	4144	4102
差	135	139

6 デジタルカメラがなくても —ALCAT で天体観測—

デジタルカメラがなくても「星座カメラ」や「インターネット望遠鏡」を使うと天体写真を撮ることができます．これらは ALCAT（Astronomy Live Camera And Telescope）と呼ばれ，地球の反対側に設置されているものを使えば，昼間に観測することも可能になります．

1．星座カメラを使ってみよう

星座カメラとは，インターネットを通じてリアルタイムに天体を観察できるカメラのことをいいます．特に遠隔操作によって星座を視認しやすいものに，星座カメラ i-CAN[*11] があります（図 4-35）．星座カメラ i-CAN は，JAXA（宇宙航空研究開発機構）の佐藤毅彦氏を中心とする星座カメラ i-CAN プロジェクトが作成した ALCAT のひとつです．星座カメラ i-CAN はインターネットにつながっており，誰も使っていなければ，誰でも 15 分間ゲストで操作することができます．しかも見ている画面を右クリックすれば，その画面を簡単に画像ファイルとして保存することができます．さらに，星空ボタンを押せば，リアルタイムで見ている画面の星座配置が表示されるので，星

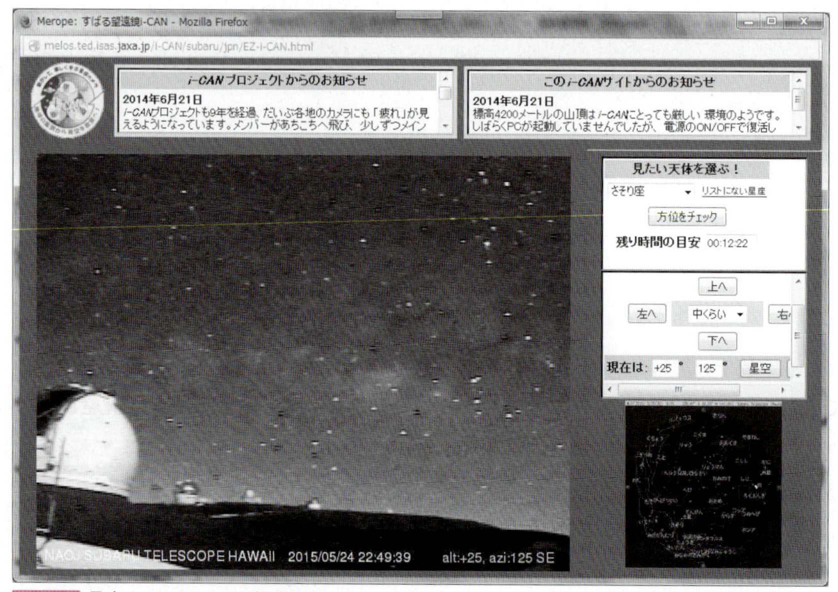

図 4-35 星座カメラ i-CAN の操作画面

*11 http://melos.ted.isas.jaxa.jp/i-CAN/jpn/

空のことを詳しく知らなくても，星座を探すことができるようになっています．星座カメラ i-CAN は図 4-36 のように世界各地に設置されています．

図 4-37 は，ハワイ・マウナケアの i-CAN で撮影した星空です．右の方のオリオン座付近にペルセウス座流星群の流星が写っています．2 秒間の蓄積型のカメラなので，流星が流れてから 6 秒以内に画像を保存すればこのような撮影が可能です．図 4-38 は，同じくハワイ・マウナケアの i-CAN で撮影した皆既月食中の月とオリオン座です．星座カメラでは，通常「月」は光が強すぎて見ることはできませんが，皆既中の月は減光しているため，星座カメラで捉えることができています．

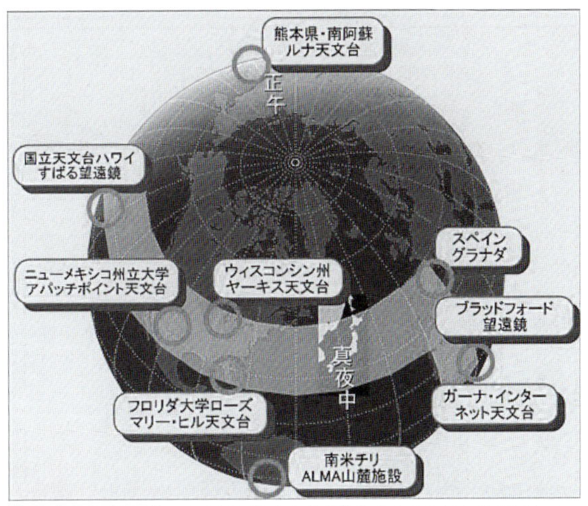

図 4-36 世界各地の i-CAN サイト（星座カメラ i-CAN の WEB ページより）

図 4-37 ハワイ・マウナケアの i-CAN で撮影した “冬のダイヤモンド”

図 4-38 ハワイ・マウナケアの i-CAN で撮影した皆既月食中の月

2. インターネット望遠鏡で観測してみよう

インターネット経由で遠隔操作のできる望遠鏡をインターネット望遠鏡と呼んでいます．インターネット望遠鏡には，冷却 CCD カメラを積んで写真を撮影するものと，リアルタイムに観測することができるものの 2 種類があります．ここでは，誰でも予約なしで使える望遠鏡として，慶應義塾大学のインターネット望遠鏡を紹介します．慶應義塾大学インターネット望遠鏡[*12]は，リアルタイムに星空を見ながら，画面をクリックして写真を撮影することが可能です．また，トレーニングモードがあるので，操作になれていなくてもシミュレーションのように練習をすることもできるので安心です．サブスコープとメインスコープを切り替えることで，木星の縞模様や土星のリングなども観測することができます．図 4-39 は，その操作画面です．

[*12] http://www.kitp.org/

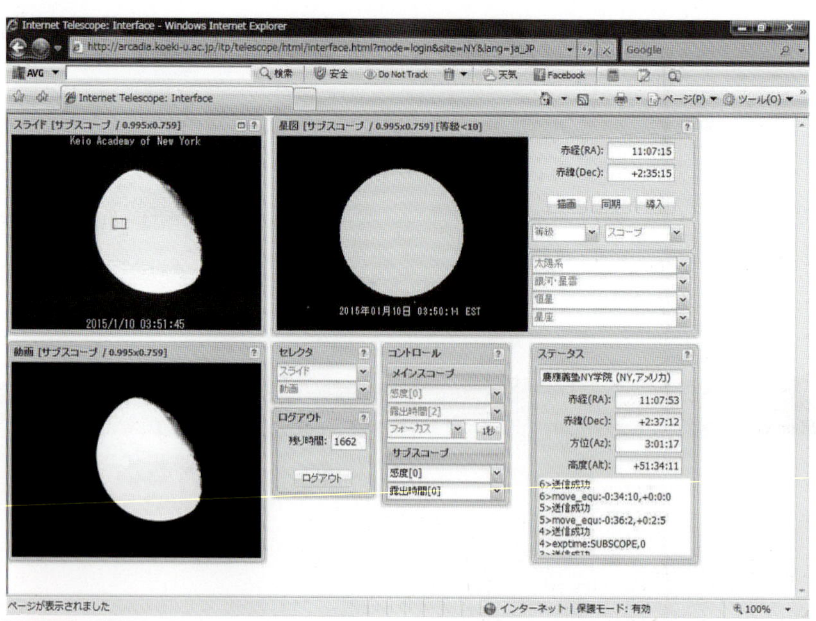

図 4-39 慶應義塾大学インターネット望遠鏡の操作画面(月を導入しているところ)

慶應義塾大学インターネット望遠鏡を活用すれば，月の写真を簡単に撮影することができます．図 4-40 は，ニューヨークに設置された慶應義塾大学インターネット望遠鏡のサブスコープで撮影した月の写真です(サブスコープは，タカハシ 6cm 望遠鏡)．

この月の画像を用いた測定の例として，月のクレーター(月の中心付近に写っているコペルニクスと呼ばれているクレーター)の直径を求めてみましょう．

図 4-40 ニューヨークの慶應義塾大学インターネット望遠鏡で撮影した月とコペルニクスクレーター

マカリのグラフ機能(p.87)を用い，月の直径が何ピクセルあるかをまず測定します．第 1 章の図 1-2 (p.3)のような方法で測ってもよいのですが，ここでは簡単にするために，月の欠けている端を始点として距離を求めてみます(図 4-41)．ここでは月の上端を始点として月の直径を測ったところ，330.6 ピクセルという値が得られました．同様の方法で次にクレーター(コペルニクス)の直径を求めると(図 4-42)，クレーターの端から端までの距離は 9.0 ピクセルとなりました．月の直径は 3476 km ですから，よってこのクレーターの大きさは 9.0 ／ 330.6 × 3476 = 95 km ということになります．ほかのデータによると，コペルニクスの直径は約 93 km となっているので，インターネット望遠鏡とマカリのグラフ機能によってかなり近い値が得られることがわかります．

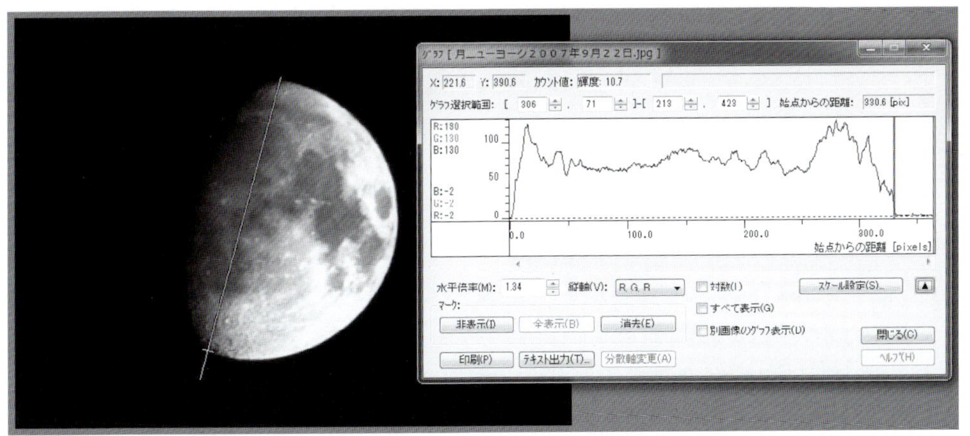

図 4-41 マカリのグラフ機能を用いて月の直径を求めているところ

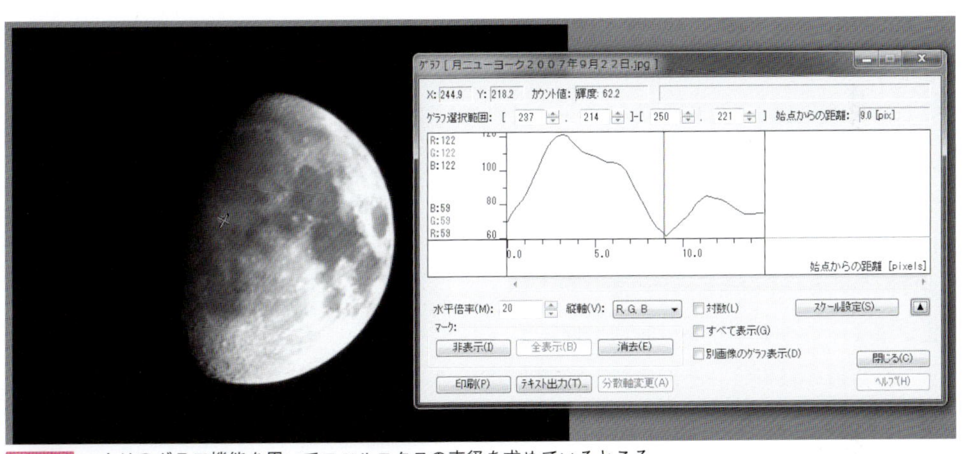

図 4-42 マカリのグラフ機能を用いてコペルニクスの直径を求めているところ

なお，慶應義塾大学インターネット望遠鏡の観測(スナップショット)画面には，2点間の角距離を簡単に測定できる機能があり，その機能を用いても上と同じような測定を行うことができます．

このようにALCATを使うと,昼間であっても地球の反対側にあるALCATを用いて撮影を行い,さまざまな天体をマカリで調べることが可能となります．24時間いつでも・どこでも・だれでも天体観察・撮影ができるALCATにぜひチャレンジしてみましょう．

7 銀河の回転を調べよう

回転している渦巻銀河のようすはスペクトル(光を虹のようにさまざまな色に分けたもの)を撮影すると調べることができます．とはいっても銀河は暗く，スペクトルとなると普通のデジタルカメラではなお困難です．しかしマカリを使えば，自分で撮影しなくても，国立天文台の望遠鏡が観測したデータをダウンロードしてきて調べることが可能になります．

1. 回転する銀河

私たちの銀河系は，1000億個を越える恒星の大集団です．太陽を含め，銀河系のすべての恒星は，銀河系の中心(銀河中心)のまわりを回っています．太陽は200km/s以上の速度で公転していますが，銀河系は大きいので1周するのに2億年以上かかってしまいます．このような長い時間で回っているので，遠い銀河の恒星は，その位置を観測しても回転を検出することはできません(図4-43)．そこで利用するのが「ドップラー効果」です．

図4-43 NGC4536(おとめ座)

2. ドップラー効果とは

ドップラー効果の例としては，救急車のサイレンの音程(周波数)が近づくときと遠ざかるときで

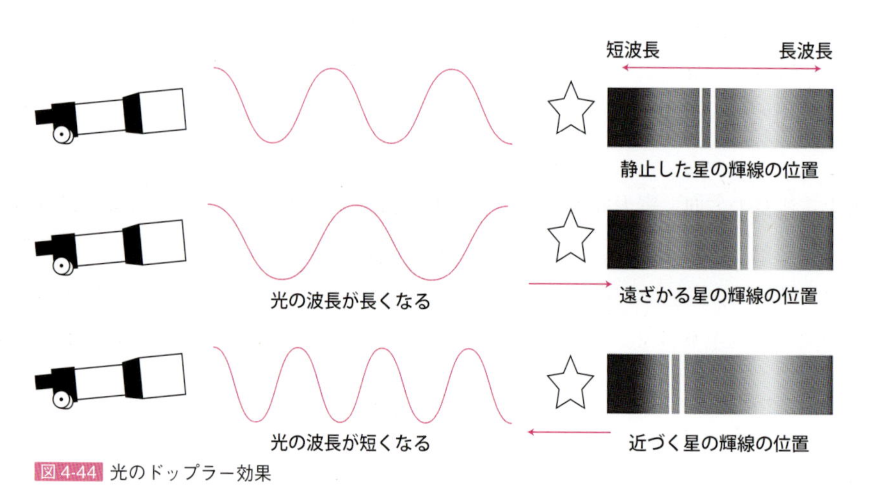

図4-44 光のドップラー効果

変化する現象が有名です．波の現象であるドップラー効果は，光の場合その波長の変化からわかります．近づく天体は波長が短くなり青方向に，遠ざかる天体は波長が長くなり赤方向にズレが生じます．このズレのようすは，スペクトルの中に見られる特徴ある光（天体の持つ元素によって生じる輝線や吸収線）に注目して，測ることができます（図 4-44）．銀河の回転速度も，このズレの大きさを測ることによって求められます．

3. データを手に入れよう

SMOKA[*13] は，国立天文台が，すばる望遠鏡，岡山天体物理観測所 188cm 望遠鏡などの公開データを提供しているサイトです（図 4-45）．ここには，対象天体のデータのほかに，バイアス（ダーク），フラットのデータも保存されています．スペクトルデータの解析には波長を求めることが必須になりますが，そのために必要な比較光源のスペクトルデータもおさめられています．

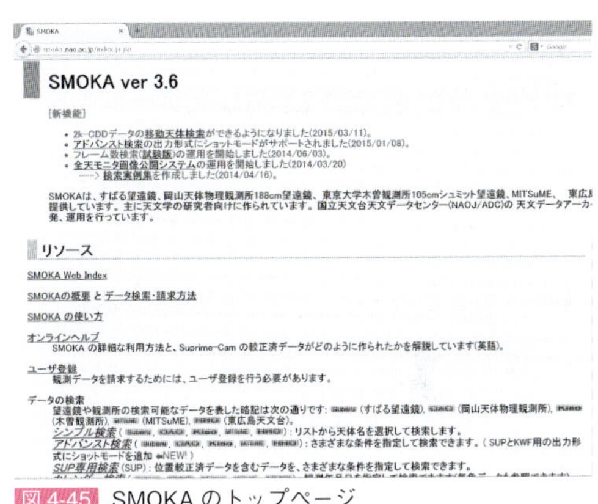

図 4-45　SMOKA のトップページ

天体の観測データを解析するための下準備に必要となるこれらのデータのことを，キャリブレーションデータ（フレーム）といいます．(1) 天体名などを選択または入力して，ほしい天体の観測データを検索し，(2) さらにその解析に必要となるキャリブレーションデータを検索し，(3) 最後にそれらをまとめてダウンロードする，この手順については，トップページの「データ検索・請求方法」のところに解説がありますので，ぜひチェックしておきましょう．データの検索ページや請求ページは英語表示となりますので，日本語の解説を読んで，前もって流れを把握しておくようにしてください．この後に述べるスペクトルデータについては，バイアス（ダーク），フラットによる 1 次処理（p.111）は済んでいるものとします．

4. スペクトルデータの特徴

ここでは，岡山天体物理観測所 188cm 望遠鏡の分光器 SNG で得られた NGC4536 のデータを例に見てみましょう（図 4-46）．スペクトルは「スリット」と呼ばれる細い隙間から光を取り入れて撮影します．天体観測用の冷却 CCD で撮影したものなので，白黒の画像です．画像の横方向が虹の色に相当する波長の方向，縦方向がスリットの方向になります．横に長い帯のように写っているスペクトルの中で最も明るく見えるのは水素の輝線（$H\alpha$）があるところです．中央部分は銀河の中心（バルジ）部で，明るく上下に飛び出して見えるところは渦巻（ディスク）部のスペクトルになります．ディスクのスペクトルが，バルジから斜めにずれているようすから，銀河回転によるドップラー効果がわかります．

---

*13 http://smoka.nao.ac.jp/index.ja.jsp

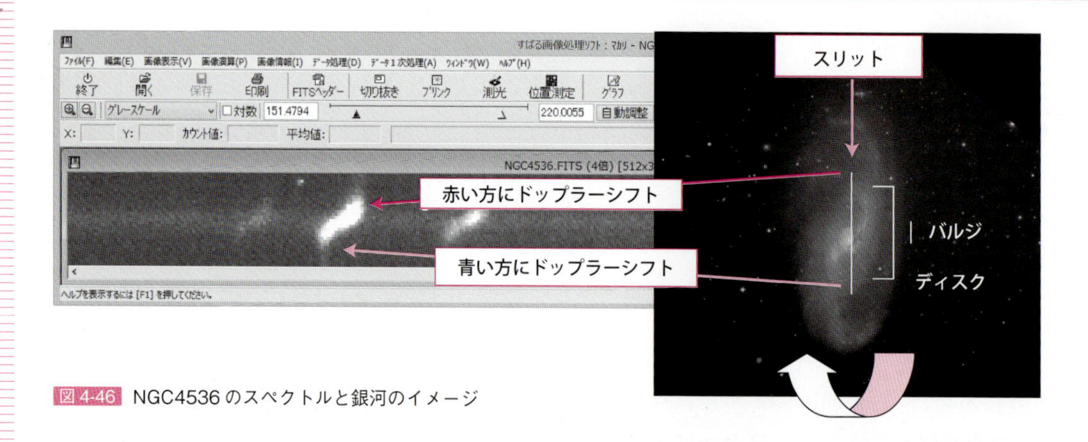

図 4-46 NGC4536 のスペクトルと銀河のイメージ

5. 比較光源のスペクトルを調べる

スペクトルに写っている輝線(や吸収線)の波長を求めるためには，観測時に撮影された比較光源のデータを使用します．比較光源とは輝線の波長がよくわかっている波長校正用の光源(この観測の場合，「鉄，ネオン」ランプ)のことで，輝線の波長は各観測所のホームページなどに掲載されています[*14]．

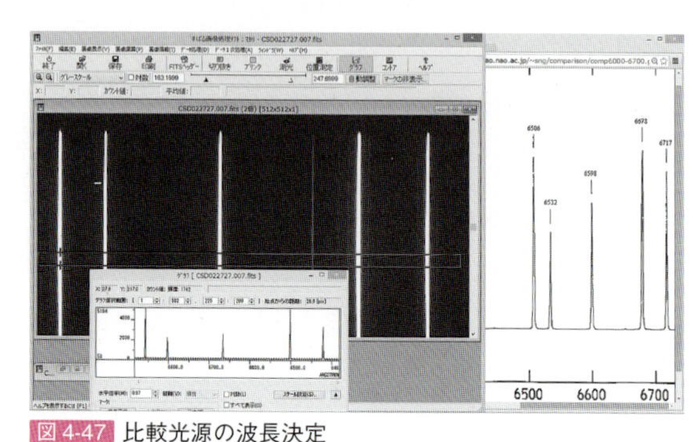

図 4-47 比較光源の波長決定
左：マカリで表示したスペクトル
右：「鉄，ネオン」の波長データ

図 4-47(左)はマカリのグラフ機能(p.87)で作成した比較光源のスペクトルのグラフです．観測所のホームページにある「鉄，ネオン」の波長データ(図 4-47(右)のグラフ)と輝線の並びが一致していることがわかります．

このデータの最も短波長側と長波長側の輝線の x 座標を調べてみると(図 4-48)，それぞれ 27.0，463.1 という値が得られました．観測所のデータによると，それぞれの波長は 6506 A(オングストローム)，6717 A とのことなので，このスペクトルの 1 ピクセルあたりの波長の変化量は (6717 − 6505) ／ (463.1 − 27.0) = 0.486 A ということがわかります[*15]．

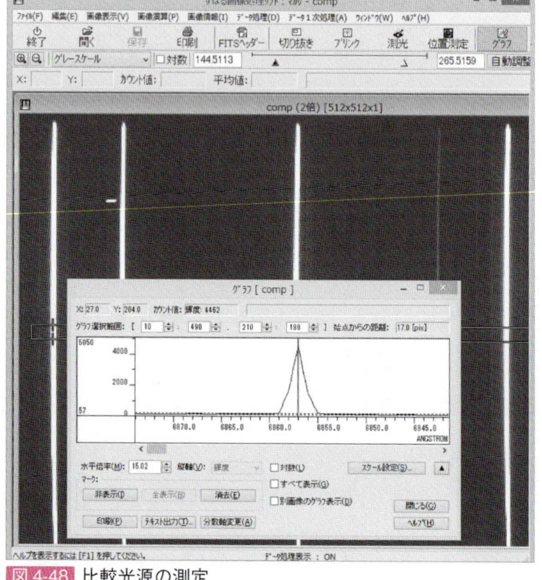

図 4-48 比較光源の測定

*14 SNG の「鉄，ネオン」ランプの波長データは http://www.oao.nao.ac.jp/~sng/comparison/comparison.html
*15 ここでは，用いた比較光源の波長データが単位に A を使用していたため，本文でも A を使用しています．1A は 0.1nm になります．

6. 銀河の回転速度を求める

まず，銀河のバルジ部分のスペクトルを測ります(図 4-49)．Shift キーを押した状態で矩形領域を指定(p.88)するとノイズの少ないグラフを得ることができます．最も明るい輝線(Hα)の x 座標はこのデータでは 225.0 でした[*16]．

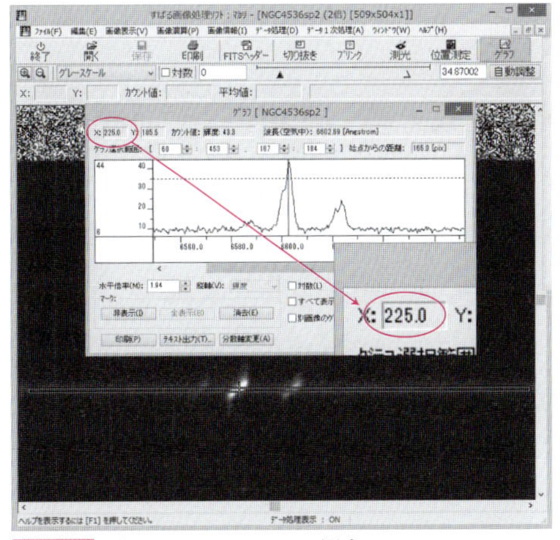

図 4-49 バルジのスペクトルの測定

次に同じ方法でディスク部分のスペクトルを，バルジの両側についてそれぞれ測ります(図 4-50)．バルジの部分は，225.0 だったので，この値からのズレが銀河回転によるドップラー効果ということになります．このデータではバルジの上側のディスクでは 230.9，下側のディスクでは 218.2 という x 座標が得られたので，1 ピクセルあたりの波長変化量 0.486 A より，

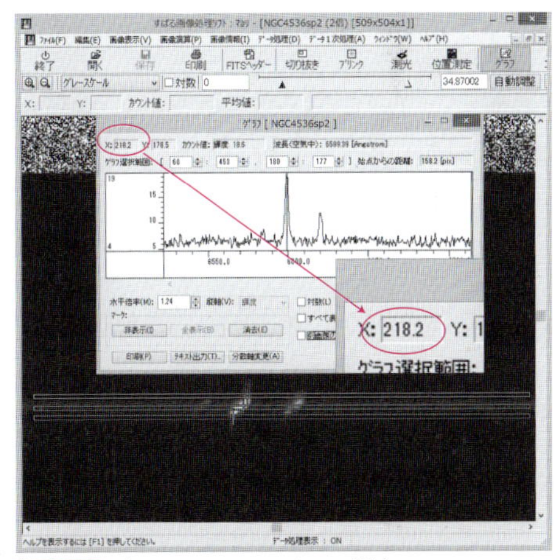

図 4-50 ディスクのスペクトルの測定

銀河中心とディスク上部の波長のズレは

$$(230.9 - 225.0) \times 0.486 = 2.9 \text{ A}$$

銀河中心とディスク下部の波長のズレは

$$(218.2 - 225.0) \times 0.486 = -3.3 \text{ A}$$

という結果が得られました．

ドップラー効果による波長のズレを $\Delta\lambda$，ドップラー効果を示す前のもとの波長を λ_0 とすると，ズレをもたらした光源の移動速度 v は

$$v = c \cdot \frac{\Delta\lambda}{\lambda_0} \text{（c は光の速度，} 3.00 \times 10^5 \text{ km/s）}$$

で表すことができます．よって，Hαの波長 $\lambda_0 = 6563$ A を用いると，ディスク上部の速度は 130 km/s(遠ざかる方向)，ディスク下部の速度は 150 km/s(近づく方向)ということになります．ここで注意しなければいけないことは，ドップラー効果を用いて得られる速度は視線方向(眺めている方向)の成分だけということです．この銀河の場合は約 60 度傾いて回転しているので(p.12 の方法でわかります)，それを考慮すると実際の回転速度は $\frac{1}{\sin 60^\circ} = 1.15$ 倍になります．したがって，上部，下部の速度は，それぞれ約 150km/s，170km/s ということになります．

*16 水素の Hα輝線は NGC4563 だけでなく多くの渦巻銀河で見ることができます．ただし，すべての銀河で見えるわけではないので注意が必要です．

8 超新星残骸の膨張速度

グラフ

超新星は恒星が進化の最終段階でおこす爆発現象です．爆発によって吹き飛ばされたガスは速い速度で星間空間に膨張していきます．かに星雲のように爆発した時期がわかっているものならば，大きさを測定することで膨張速度がわかります．分光観測が可能なら，ガスが出している光の波長から膨張速度を知ることができます．

1．超新星と超新星残骸

超新星は最も明るくなると太陽の50億倍程度の明るさで輝きます．そのため，天の川銀河の中の比較的近い場所に現れたときは昼間でも見えるほどの明るさになり，出現記録が歴史的に残されているものがあります．1054年に出現したものは有名で，その場所にはかに星雲(M1)と呼ばれる残骸が残されています(図4-51)．超新星残骸は，爆発で吹き飛ばされた高速のガスが衝撃波を作り，それによって圧縮された星間空間のガスとともに光を放っている天体です．

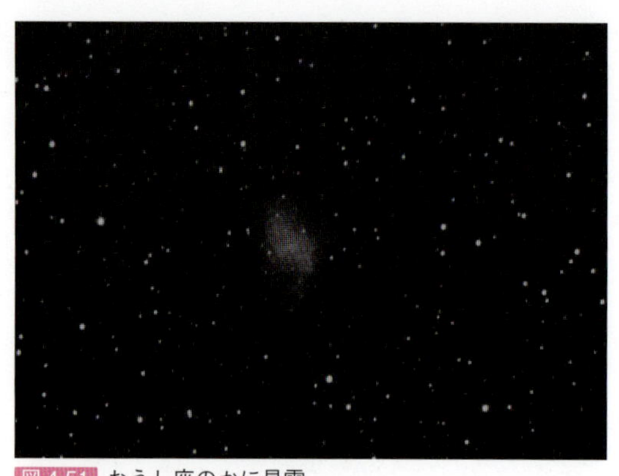

図4-51 おうし座のかに星雲
口径13cmの望遠鏡で撮影

2．かに星雲の大きさから膨張速度を求めてみよう

かに星雲までの距離は約7200光年といわれています．p.9のすばると同じ方法を使って，撮影した画像の見かけの大きさを測り，実際の大きさを計算してみましょう．グラフ機能を使い，長径部分で見かけの大きさを測ると0.12度になりました．このことから，かに星雲の実際の大きさは $2 \times 3.14 \times 7200 \times 0.12 / 360 = 15$ 光年ということがわかります．この半分(半径)にあたる7.5光年($= 7.1 \times 10^{13}$km)が，爆発が起きた1054年から現在まで(961年間)に膨張した距離になるわけですから，これを961年で割った $7.1 \times 10^{13} / (961 \times 365 \times 24 \times 60 \times 60) = 2300$ km/sがかに星雲の膨張速度となります．これは爆発してから今までの平均の膨張速度ということになります．

3．かに星雲のスペクトルから膨張速度を測ってみよう

(1) 超新星残骸のスペクトル観測

スペクトルの観測は天体からの光を波長方向に分散させることになるので，できるだけ大きな望

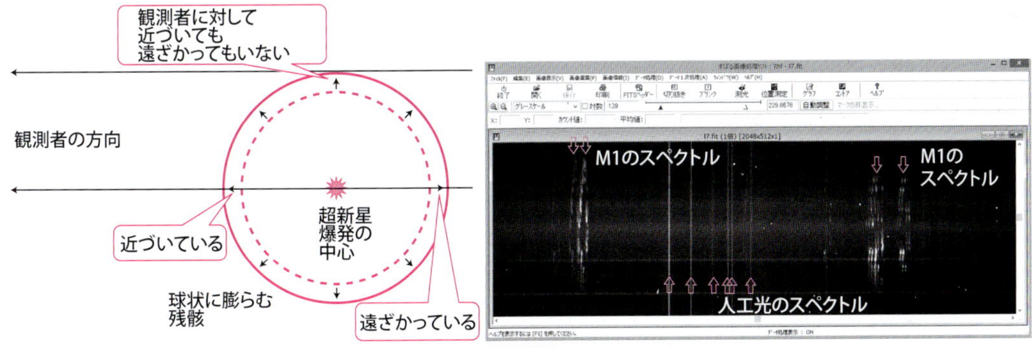

図 4-52 超新星残骸のガスの動き

図 4-53 かに星雲(M1)のスペクトル

遠鏡を使ってたくさんの光を集める必要があります．また，波長を読み取るために，比較光源を用いて画像のピクセルと波長をきちんと対応させる必要もあります．そのためには，比較光源の撮影もできる分光装置が必要です．このような観測は市販されている小型望遠鏡では難しいので，公開天文台の公募観測などの仕組みを利用してチャレンジすることをお勧めします. 後に述べるように，日本には大型の望遠鏡を備えた公開天文台が各地にあります．きちんとした目的をもって申し込めば，望遠鏡を観測に使わせてもらうことができる天文台も多数あります.

(2) 超新星残骸の膨張とスペクトル

超新星残骸のガスは図 4-52 のように膨張しています．中心を見通す部分はこちらに近づくガスと向こうに遠ざかるガスが同時に見えます．残骸の端の方は，私たちに対して遠ざかっても近づいてもいません．超新星残骸のスペクトルを撮影すると，ドップラー効果(図 4-44)によってこの運動のようすがよくわかります.

図 4-53 は岡山県の美星天文台で撮影したかに星雲のスペクトルデータです．垂直にあまり乱れずに映っているのは水銀灯など人工物が発する光の輝線です．紡錘形に見えるのが残骸の発している輝線です．ドップラー効果のために中心付近では左右 2 本に分かれているスペクトル線が，両端では 1 本に集まっています.

(3) 比較スペクトルの同定と分散軸パラメータの設定

観測したスペクトルの波長を調べるには，p.74 の銀河回転と同じように，まず比較光源のスペクトルを調べる必要があります．マカリのグラフ機能(p.87)を用いて比較光源のスペクトルのグラフを作り(図 4-54 左)，天文台が用意している比較スペクトルのグラフ(図 4-54 右)と比較します．どれくらいの波長域が写っているかは観測時の分光器の設定でおおよそわかるようになっているので，その波長域の比較スペクトルのグラフと写っている輝線の並びとを見比べて同定を行います．今回の観測では，x 座標が 991.7 の輝線が 585.2nm の輝線に，1176.3 の輝線が 626.6nm の輝線に対応していました．よって 1 ピクセル

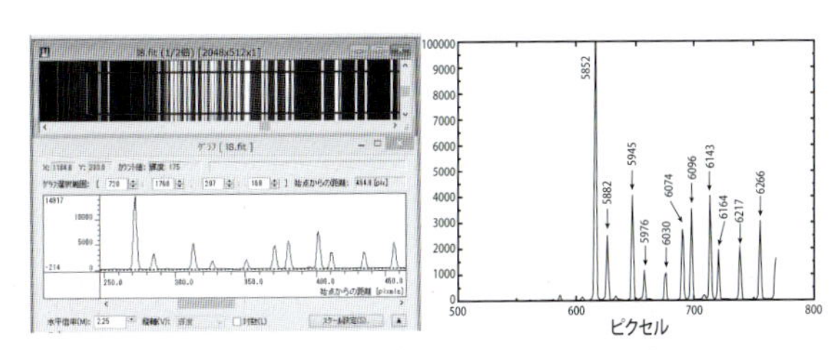

図 4-54 撮影した比較光源のスペクトル(左)と天文台の比較スペクトルグラフ(右)

あたりの波長の増分は (626.6 − 585.2)／(1176.3 − 991.7) = 0.2243 nm ということがわかります．このようにしてスペクトルの増分値を求めることができたら，次に観測天体(この場合，かに星雲)のデータを開き,「分散軸パラメータの設定」機能(p.101)を用いて,上で得た値をデータのFITSヘッダーに入力します．この例の場合，分散軸の選択はX軸，種別は波長(空気中)，単位はnm，参照点位置xは991.7，参照点物理量は585.2，画素あたり物理量増分は0.2243ということになります．この設定を行うことによって，設定前は図4-54のようにグラフの横軸がピクセル単位で表示されていたのが，図4-55のように波長(nm)の単位で表示されるようになります．

(4) ドップラー効果の測定と膨張速度

かに星雲のスペクトルは，図4-55のように中央付近が左右2本に分かれています．これは図4-52のように，私たちから遠ざかっているガスと近づいているガスを同時に見ているからです．そこで，その部分の速度を測定するために，図4-55のように2本が最も離れているところが入るように矩形領域を指定(p.88)してスペクトルのグラフを作成します．今回の観測では2つのピークの波長はそれぞれ498.0nm，502.2nmと求められました．平均すると500.1nmなので，膨張速度はこれより

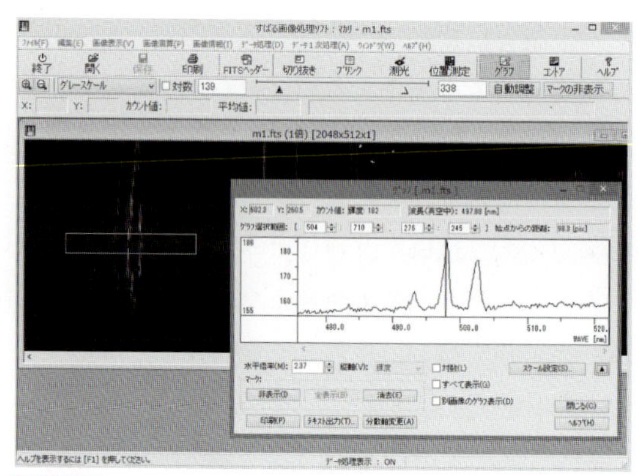

図4-55 かに星雲のスペクトルの測定

$$v = \frac{502.2 - 500.1}{500.1} \times c = 1260\ \mathrm{km/s}$$ (ただし，cは光の速度で3.00×10^5 km/s)

となります．大きさの測定から求めた先の方法と比較してどうでしょうか．両者の違いから，膨張の歴史について考えてみるのも面白いでしょう．この方法は超新星だけでなく新星のガスの放出速度などにも応用できます．また，いつ爆発したかの情報がなくても測定できます．

4. 公開天文台の観測利用

個人の所有する望遠鏡，あるいは学校などの備品の望遠鏡では口径には限界があり，恒星の分光観測は可能でも今回のテーマである超新星残骸や散光星雲，銀河といった広がりを持った淡い天体の分光観測は難しいことと思います．口径の大きな望遠鏡を利用する手立てとしては，公開天文台の利用やアーカイブデータの利用が考えられます．公開天文台の利用については公募観測を受け入れている施設がありますので，そのような施設を利用すれば個人での所有が困難な口径の大きな望遠鏡を利用できます．また，すばる望遠鏡のような研究用の望遠鏡の撮影したデータも，研究者の優先使用期間が過ぎれば，だれでも使えるようにインターネットでアーカイブデータが公開されています．ただし，アーカイブデータは自分がほしいと思った天体のデータがあるとは限りません．

公開天文台を観測で利用するには，それぞれの天文台の使用ルールに沿って使用申請をする必要があります．公募観測を行っていない施設もあるので，その場合は個別に問い合わせてみてくださ

い．観測テーマを公募している天文台では，観測の期間，使用できる望遠鏡，撮像装置や分光器の性能などの情報を公開しています．事前にWEBサイトなどをチェックして，思った観測ができるのか下調べをしておきましょう．申請の受付は年に何度かの限られた期間だけとなっていることも多く，事前に操作の資格を得ておく必要があるところもあります．申請書には観測の目的，天体の名称や天球座標，明るさ，などを明確に記載する必要があります．申請書の書式なども各天文台でそれぞれ違っていますのでWEBサイトで調べておきましょう．

図4-56 美星天文台での観測のようす

今回のような分光観測でよいデータを得るには，観測対象に合わせて分光器の分散や中心波長を決めておくことが大切です．はじめて超新星残骸などの分光観測をするときは，水素の輝線に狙いをつけるとよいでしょう．中でもHαという輝線は観測しやすく，その波長は656.29nmです．したがってHα輝線を観測で狙う場合，分光器の中心波長をこの周辺に設定します．また，分光器の分散が大きいほど波長の違いを読み取りやすく（波長の観測精度が高く）なりますが，光をたくさん集める必要があるため，露出時間を長くしたり，より大きな口径が必要になります．まずは低分散～中分散で観測してみましょう．いずれにしても，天文台職員のアドバイスを受けつつ，最適な観測を行うように，試行錯誤を繰り返しながらよいデータを得られるように頑張りましょう．

最後に，高校天文部などで分光観測の実績がある公開天文台，大学付属天文台を掲げます．

・仙台市天文台（宮城県仙台市）http://www.sendai-astro.jp/　口径1.3m，公募観測
・ハートピア安八（岐阜県安八町）http://www.town.anpachi.gifu.jp/category/heartpia/
　口径0.7m
・西はりま天文台（兵庫県佐用町）http://www.nhao.jp/
　口径2.0m・0.6m，兵庫県立大学施設，公募観測，共同研究観測，教育利用観測
・佐治天文台（鳥取県鳥取市）http://www.city.tottori.lg.jp/www/contents/1425466200201/
　口径1.03m
・美星天文台（岡山県井原市）http://www.bao.go.jp/　口径1.01m，公募観測，操作資格講習あり
・東広島天文台（広島県東広島市）http://www.hiroshima-u.ac.jp/hasc/institution/hho_kanata/
　口径1.5m，広島大学施設，研究優先だが観測提案により教育利用受け入れあり
・日原天文台（島根県津和野町）http://www.sun-net.jp/~polaris/top.htm　口径0.75m

今回用いたかに星雲のスペクトルは，埼玉県立豊岡高校天文部が美星天文台で観測をして得られたものです．比較光源の情報も同天文台からいただきました．

第5章

〝マカリ〟パーフェクト・マニュアル

「マカリ」は,画像表示機能から高度な演算機能まで備わっています.
しかも,マウスのクリックだけで,どの機能も簡単に使えます.
アイコンの持つ意味やメニューのたどり方,
1次処理,位置測定,測光,コントア,スペクトル解析などの標準的な設定,
目的に合わせた細かな設定方法,そのすべてを解説します.

1

インストール

マカリは，ネットワークからダウンロードして使用するソフトウェアである．簡単なインストール作業で，すぐに画像処理を開始することができる．最初に行うと便利な設定を解説する．

1．ダウンロードとインストール

マカリは，国立天文台のホームページ(http://makalii.mtk.nao.ac.jp/)からダウンロードできる(図5-1)．日本語と英語のバージョンがあり，日本語のダウンロードファイル名は，MklSetupJ.exe である．

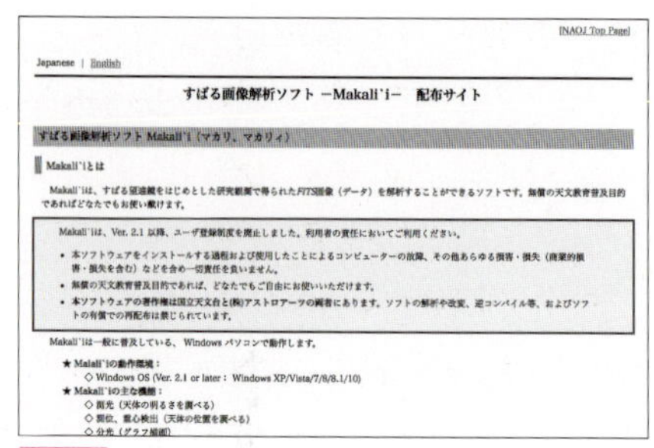

図 5-1 マカリ配布サイト

動作環境はMS-Windowsであり，最新のバージョンは，Windows Vista以降に対応している．Macユーザーは，VMware，Parallels，Wineなどを導入すれば，支障なく動かすことができる．LinuxではWineを導入すれば使うことができる．

ダウンロードしたファイルをダブルクリックすれば，インストールが始まる．インストールするフォルダなど，特に指定をしなければ，ダイアログの［次へ］ボタンを2回クリックすることで，インストールは完了する．マカリは，ユーザーからの報告をもとに，バージョンアップが続けられている．新しいバージョンをインストールするには，現在インストールされているマカリを手動でアンインストールする．そして，新しいバージョンのマカリをインストールする．旧バージョンをアンインストールせずに新しいバージョンをインストールしようとすると，インストーラーは現在インストールされているマカリをアンインストールして終了してしまうので，このときは，最初の手順の通りに再インストールをすればよい．

2．環境設定

インストールされたマカリを，そのまま使用しても問題ないが，いくつかの設定をしておくと便利に使うことができる．「ファイル(F)」メニューから［環境設定(E)...］を選ぶと図5-2のような設定ダイアログが表示される．

(1) 拡張子の関連づけ

画像ファイルは，名前と拡張子からできている．たとえば，M42.jpg，M42.fit，M42.tiff，M42.CR2は，M42という名前は同じだがファイル形式が異なり，拡張子によって区別される．特定のソフトウェアでしか開けないファイルもある．環境設定メニューには，マカリで扱えるファイルの拡張子の一覧が出ている．ここでチェックマークを入れると，画像をダブルクリックするだけで，

マカリが起動するようになる．少なくともFITSにはチェックを入れておくとよい．画像ファイルの拡張子がfits，fit，ftsのいずれの場合にも，常にマカリが起動するようになる．

(2) 1次元FITSの高さ

本来，画像は2次元の情報であるが，スペクトルのような1次元の情報を読み込む際に，あえて幅をつけて表示するための設定である．通常は初期状態のままでよい．

(3) ダイアログの移動

各種測定ダイアログのウィンドウは，常に処理する画像の前に表示されるが，それを背面にできるオプションである．

(4) マカリの最大化表示

起動した際に，ウィンドウが最大化されるオプションである．

(5) FITS形式のデータ並び

マカリで開かれた画像上にマウスを置くと，座標(x, y)の数値が，情報バーに表示される．このとき，「FITS形式ファイルのデータ並びをボトムアップで扱う」にチェックを入れてあると，座標原点は画像の左下になる．初期状態では，これにチェックが入っている．

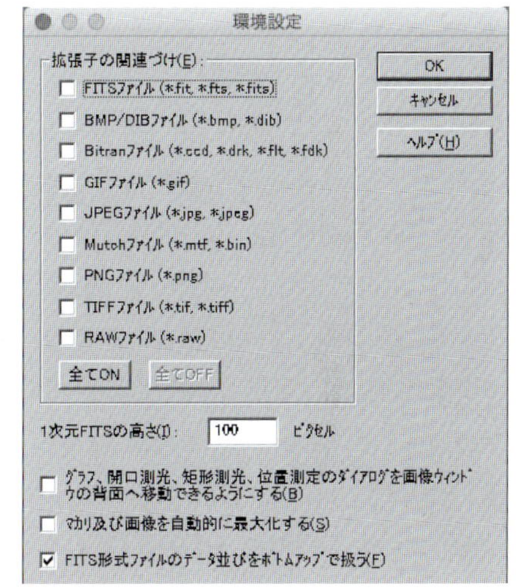

図5-2 環境設定

教材をダウンロードしよう

マカリ配布サイトの最後の方に「FITS画像（データ）を活用した教材」と書かれているリンクがあります．リンク先には下記のようなテーマの教材の，教師用解説書，解説用スライド，生徒用ワークシート，FITS画像データなどがおかれています．実際に教育現場で活用し，さまざまなフィードバックを受けて作られたものです．教材のワークシートは，Wordファイルで提供されており，ユーザーが自由に改編することもできます．

【主な教材タイトル】

- **太陽プロミネンスの動きを調べよう**
- **太陽の黒点の温度を求めよう**
- **地球軌道の離心率を求めよう**
- **星団視差（散開星団までの距離を求めよう）**
- **ハッブルの法則**
- **超新星の明るさと銀河の距離**
- **星団のHR図を作ろう**

PAOFITS WG Materials

(last update: 2013-02-07)

PAOFITS WG 開発教材セット

PAOFITS WG で開発した教材です。今後も新しい教材が完成し次第、順次公開していく予定です。
各教材のワークシート(Wordファイル)は改変自由です。教材の用い方はそれぞれのクラスの事情によってさまざまだと思います。適宜編集してお使いいただければと思います。

マカリのバージョンが 2.0a に上がりました。お使いのマカリが最新のバージョンであることを 確認してお使い下さるようお願い致します。 ※古いバージョンを使うと、FITS画像の天地が反転して表示されることがあります。変更点の詳細は、マカリ配布サイトにて (2011/07/03)

教材ごとに、教師用解説書や生徒用ワークシート、観測データ(FITS画像)、その他解析用のマクロなどが用意されています。詳細については、教材名のリンクをたどってください。

『太陽プロミネンスの動きを調べよう』
太陽観測衛星「ひので」により得られたデータを利用して、太陽表面でのプロミネンスのガス塊の動きを調べます。実習を通じて、物理基礎や物理で学習する理想的な等速度運動や等加速度運動の法則が、自然現象のどのような運動に当てはめることができるのか理解を深めます。

『太陽の光球面の様子を調べよう』、『太陽の黒点の温度を求めよう』
太陽に関する実習を単に観察のみに終わらせず、現在、使用可能な太陽の専門観測画像（FITS画像）を使って、太陽光球面の諸現象について、その各部の光強度を手がかりに、より解析的に調べ、各現象の光強度と温度の関係について理解を深める教材です。

教材ダウンロードサイト
(http://paofits.nao.ac.jp/Materials/)

2

画像を開く，表示する，保存する

さまざまな画像ファイルを扱えるマカリだが，開くとき，保存するときの制限もある．画像を美しく表示・印刷することと，科学的な測定をすることは，考え方に違いがある．マカリのファイルの扱い方について解説する．

1．ファイルを開く

マカリの各種操作は，メニューバーからたどれるが，よく使われる機能は，アイコンが作られている．マカリで画像を開いてみよう．メニューから，「ファイル(F)」，［開く(O)...］とたどるか，アイコンの「開く」をクリックする．

［画像ファイルを開く］ダイアログから，開きたい画像のあるフォルダを選ぶ(図5-3)．［ファイルの種類］の表示がFITSとなっていれば，FITSファイルのリストが表示される．FITS以外の画像を開くときは，「ファイルの種類」で選択するか，［すべてのファイル(*.*)］を選ぶ．マカリが読み込めるファイル形式は，「ファイルの種類」に示される形式だけである(表5-1)．ファイルを選択し，［開く］ボタンをクリックすると読み込まれる．Shiftキーを押しながら選択すると，複数のファイルを同時に読み込むことができる．

FITSのファイルには，RGB各色の情報が含まれる「マルチプレーン」形式がある．この場合は，すべてを読み込むか，ひとつの色だけにするか，選択することができる．

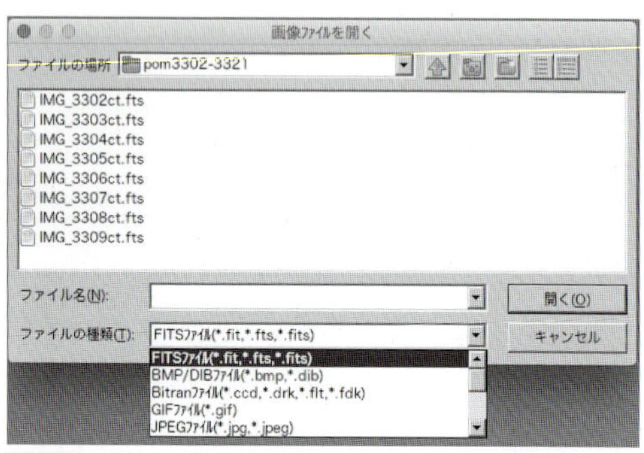

図5-3 ファイルを開く

表5-1 マカリのファイル対応リスト

形式(拡張子)	読み込み	保存
FIIS(.fit, .fts, .fits)		
8ビット符号無し整数	○	○
16ビット符号付き整数	○	○
16ビット符号無し整数	×	×
32ビット符号付き整数	○	○
32ビット符号無し整数	×	×
32ビット浮動小数	○	○
64ビット浮動小数	○	○
TIFF(.tif, .tiff)		
8-bit color	○	○
16-bit color	○	○
8-bit B/W	○	○
16-bit B/W	○	○
SBIG(.st[4〜9], .stx, .stvなど)	○	△
Bitran(.ccd, .drk, .flt, .fdk)	○	○
Mutoh(.mtf, .bin)	○	○
GIF(.gif)	○	○
JPEG(.jpg, jpeg)	○	○
PNG(.png)	○	○
BMP(.bmp)	○	○
DIB(.dib)	○	○

2．画像を表示する

(1)自動表示，画像の倍率，配置

画像ファイルを読み込むと，明るさの調整が自動的に行われて表示される．画像処理を行った後で，明るさが変化したときに，「自動調整」のボタンをクリックすると，表示調整が行われる．開

いたファイルは等倍で表示されるため，マカリのウィンドウサイズに収まらない場合や一部を拡大して見たい場合は，拡大＋，縮小－の「ルーペ」アイコンをクリックする(図5-4).

複数の画像を読み込んでいる場合には，画像ウィンドウの配置を整理できる.「ウィンドウ(W)」メニューから,［重ねて表示(C)］,［上下に並べて表示(T)］,［左右に並べて表示(H)］を選択すると，作業がしやすくなる.

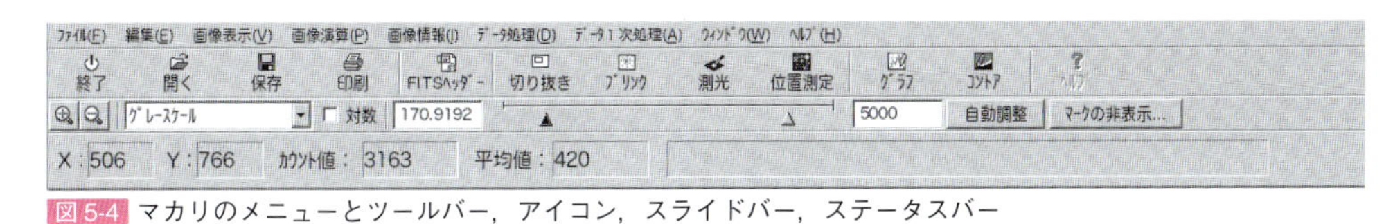

図5-4 マカリのメニューとツールバー，アイコン，スライドバー，ステータスバー

(2) 表示の調整

画像の表示の細かな調整方法は，第1段階は，対数表示をするかどうかである．明るさに極端な差がある場合には，〈対数〉表示のチェックボックスをオンにする.

第2段階はレベル調整である．画像の輝度情報は，ステータスバーに示されている．マウスカーソルの位置(x，y)，その点の輝度(カウント値)，および画像の輝度平均値である．表示中の画像が自動調整されたようすは，表示範囲のスライドバーで示され，△が最高輝度，▲が最低輝度である．これらをドラッグすることによって，特定の輝度の範囲を選んで表示することができる．この機能をうまく使うと，天体の詳細な構造が見やすくなる．最高・最低輝度には，数値を直接入力することも可能である(図5-4).

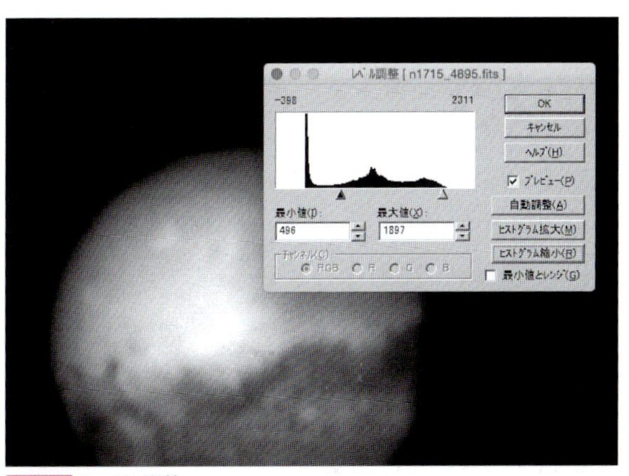

図5-5 レベル調整

第3段階は，輝度ヒストグラムを見ながらの調整である．メニューから［レベル調整(L)...］を選択し，ヒストグラムの△と▲の移動と数値入力で調整できる．ヒストグラムは，拡大，縮小ができるため，さらに微調整が可能である(図5-5).

(3) 色の調整

天体の画像処理は，グレースケールで行うことが多い．特定の構造を見せたい場合など，本来の天体の色とは異なるが，輝度に応じて色をつけて表す．マカリには，FITSファイルに対して，5種類の設定とその反転色を含め，10通りの表示ができるようになっている(図5-6). JPEGなどに関しては，カラー，グレースケールの2種類とその反転色で，4通りである.

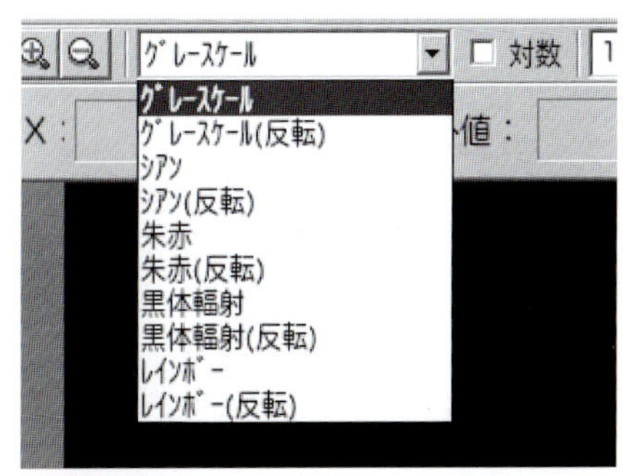

図5-6 色調整

レベル調整や表示色変更などの操作は，ソフトウェアが画面上で表示する階調などの設定を変えているだけで，画像の持つデータの数値は変化しない．

3. ファイルを保存する

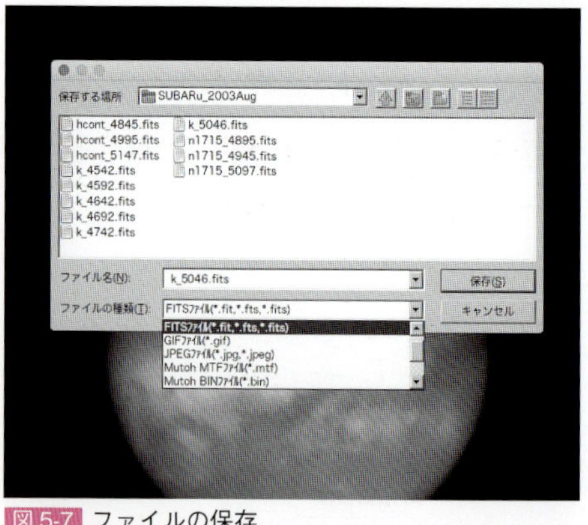

図 5-7 ファイルの保存

マカリでは，画像処理した結果を保存するファイル形式も選ぶことができる．FITSからは，さまざまな形式に変更して保存できるが，ほかの形式からFITS形式への保存は制限される場合がある．たとえば，圧縮された画像フォーマットであるJPEGは，天体の輝度情報が完全に復元できない．したがって，これを測定用のFITSで保存することは，「偽の情報」を作るということになる．そのため，JPEGから保存できる形式はJPEG，BMP，TIFF，PNGなどに制限されている（図5-7）．

保存の仕方は，「上書き保存」と「名前を付けて保存」がある．「保存」アイコンと「ファイル(F)」メニューから［上書き保存(S)］，［名前を付けて保存(A)...］を選択する．保存ダイアログが開いたら，ファイルの種類を選択し，ファイル名を入力，［保存(S)］ボタンを押す．複数のファイルを開いている場合は，アクティブになっているウィンドウのファイルが保存される．それぞれのファイル形式のオプションは，以下のようになっている．

［FITS］

　データ形式，整数／実数，ビット数 8, 16, 32, 64

［JPEG］

　画質 1 ～ 10，プログレッシブ JPEG

［TIFF］

　ビット数 8, 16，バイト並び IBM PC ／ Mac，無圧縮／ LZW 圧縮／ Packbit 圧縮

［GIF］

　形式 GIF89a ／ 87a，インターレス／ノンインターレス

［BMP ／ DIB］

　ビット数 8, 24

［PNG］

　圧縮率 1 ～ 10，ビット数 8, 16，インターレス／ノンインターレス

グラフ作成

グラフ機能は，マカリの持つ特徴的な機能のひとつである．画像上での大きさ，位置の測定，およびスペクトルの解析などに活躍する．ここでは，スペクトル以外の画像について，グラフ機能の基本と便利な使い方を解説する．

1．グラフ機能

マカリで開いた画像の上をマウスでなぞっていくと，ステータスバーに表示される「カウント値」の数値が場所ごとに変化することに気付くだろう．デジタル画像は，画素（ピクセル）ひとつひとつに，明るさや色の情報が入っている．本来の天体の画像データは，各ピクセルに明るさ（輝度）の情報が数値化されたもの（カウント値）がおさめられたグレースケールの画像である．一方，JPEG などのカラー画像は，赤（R），緑（G），青（B）の光の三原色の割合が各ピクセルに数値化されて記録されている（p.104）．

マカリのグラフ機能は，画像上で指定した座標から座標までの輝度（あるいは色情報）をグラフとして表示するツールである（図 5-8）．

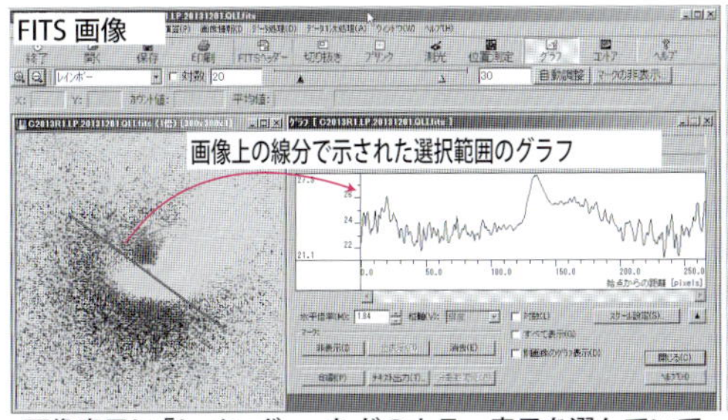

画像表示に「レインボー」などのカラー表示を選んでいてもグラフの縦軸は「輝度」のみ（モノクロ）

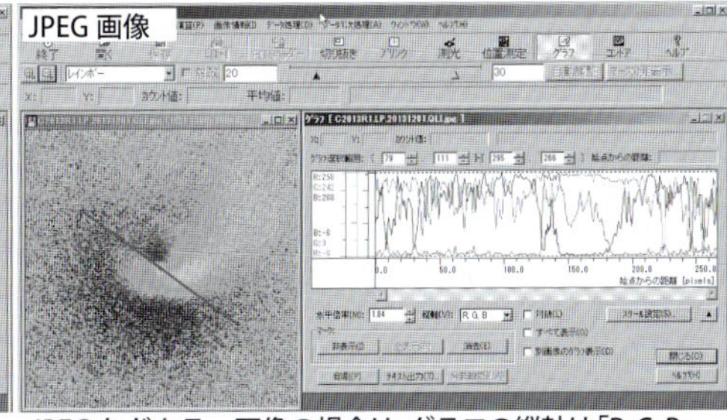

JPEG などカラー画像の場合は，グラフの縦軸は「R, G, B」などになる

図 5-8 グラフ機能を使ったグラフ描画
左：FITS，右：JPEG

2．グラフの作り方

グラフ機能はマカリの主要な解析ツールなので，メニュー以外にアイコンも用意されている．

グラフ機能を使うには，「データ処理（D）」メニューで［グラフ（G）］を選択するか，アイコンの［グラフ］をクリックする（図 5-9）．すると，グラフダイアログが表示される．

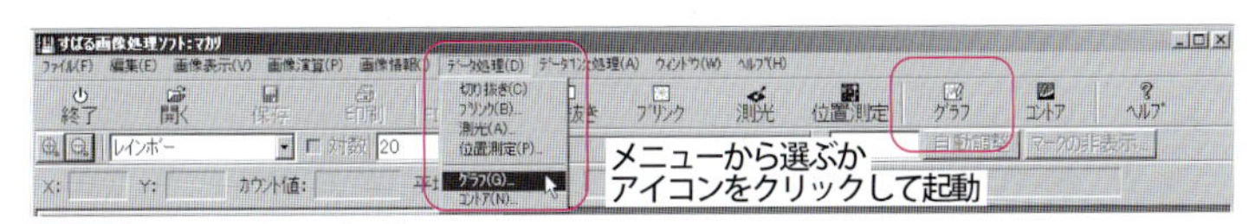

図 5-9 グラフ機能の起動

グラフを描く手順は次のとおりである．

①マウスカーソルを画像上のグラフを描きたい場所の開始点（始点）に置き，マウスの左ボタンを押してそのままマウスを動かす（ドラッグする）．

②マウスでドラッグした位置に直線が現れる（図 5-8）．この直線は好きな方向に延ばすことができる．

③終点で左ボタンを放すと，引かれた直線で画像を切った『輝度の断面グラフ』がグラフダイアログ（図 5-10）に表示される．直線の始点と終点の（x, y）座標はダイアログ上の［グラフ選択範囲］への数値入力で指定（変更）することができる．

ダイアログ内のグラフをクリックすると，縦方向にマゼンタ色の線が現れ，左上にその座標とともに輝度の値が表示される．また，元の画像に描かれた直線には位置マークが出る（図 5-11）．グラフ内の縦線をマウスの左ボタンを押してドラッグすると，画像上の位置マークも移動する．特定の点の輝度を調べたい場合には便利である．

何ピクセルか幅を持った範囲のグラフを描きたいときは，画像上で Shift キーを押しながらドラッグすれば矩形領域のグラフが描ける（図 5-12）．ただしこの場合は，マウスを斜めに動かしても，グラフを描画できる領域は画像の縦横方向の四角い領域になる．また，縦方向の値の平均値がグラフに表示される．

分散軸パラメータを設定したスペクトルデータ（p.101）以外の通常の画像でグラフを描いた場合，グラフの横軸は画像上に引いた線の始点からの距離（ピクセル単位）になる．

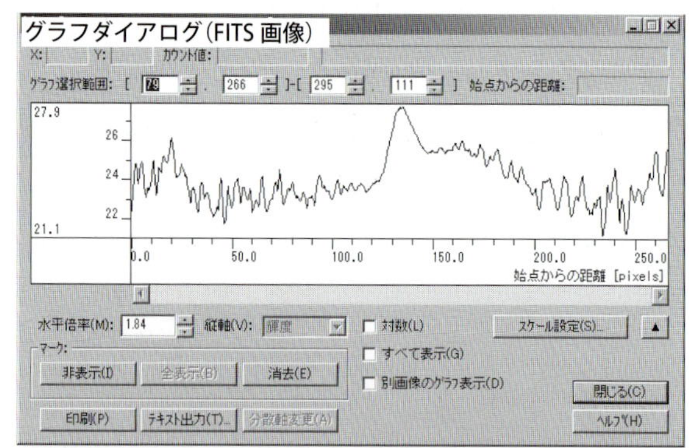

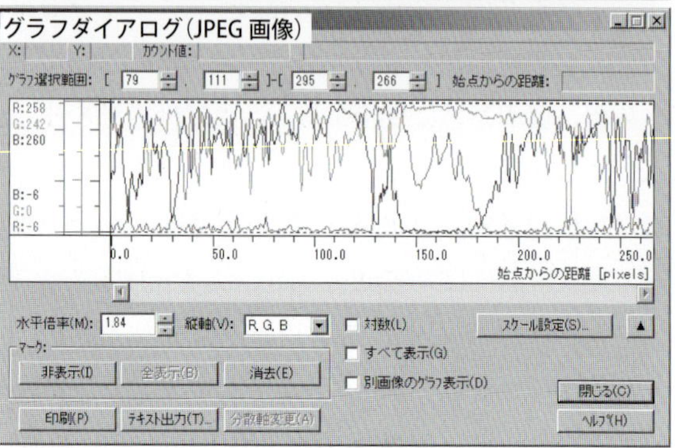

図 5-10 グラフダイアログ
上：FITS，下：JPEG

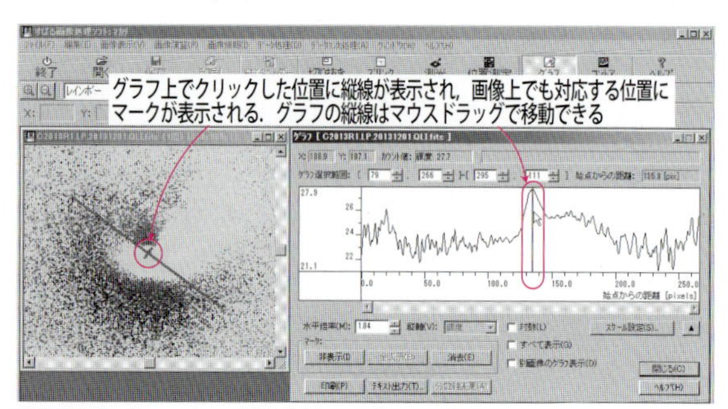

図 5-11 グラフ上の縦線位置と画像上の位置マーク

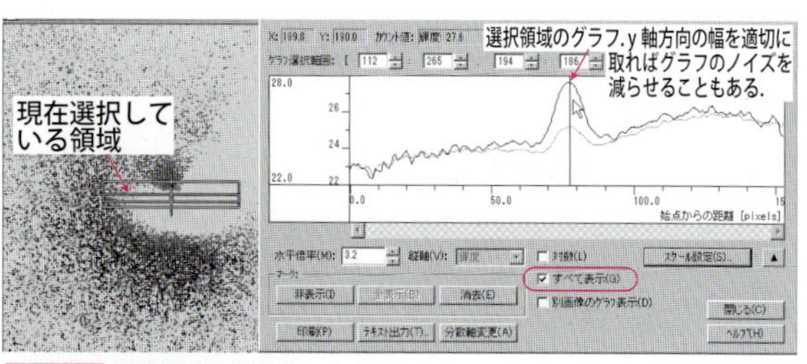

図 5-12 矩形領域を指定した例

3．そのほかの機能や設定

(1) テキスト出力

表示されたグラフは，ダイアログの［テキスト出力(T)...］をクリックして，その数値データをCSV形式ファイル，またはテキストファイルに出力することができる．このときのファイル名は，初期設定では，処理している画像名に「-2DGraph」が付け加えられる．ファイル名は入力して変えることもできる．このファイルをエクセルで読み込むには，エクセルの「ファイルを開く」メニューから，すべてのファイルを表示するとよい．

(2) 選択範囲の変更

ダイアログの「グラフ選択範囲」に，グラフを描画した範囲の線分の始点・終点の座標が表示される．この座標値を入力すれば，グラフ選択範囲を変更することができる．これを行うと，画像上の線分，あるいは矩形の位置も合わせて変化する．

(3) 水平倍率の設定

グラフの横軸の［水平倍率(M)］を調整する(図5-13)．倍率を1.0にすると，画像上のピクセル距離とグラフの水平ピクセル距離が一致する．

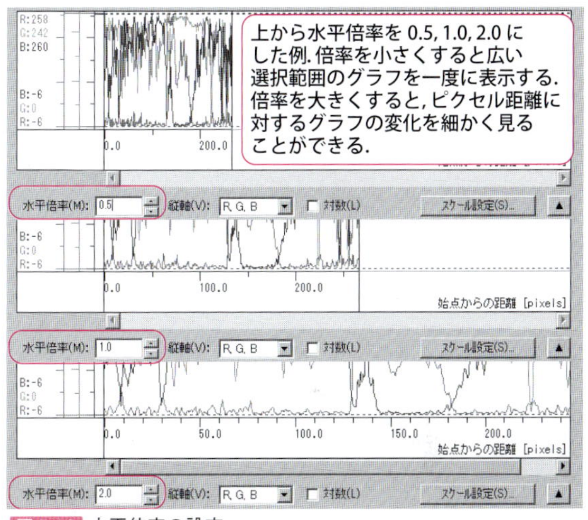

図5-13 水平倍率の設定

(4) 縦軸表示の変更（カラー画像の場合）

JPEGなどカラー画像の場合，［縦軸(V)］プルダウンリストでグラフに表示するカラー(プレーン)を選択できるようになる(図5-14)．デフォルトでは，［R, G, B］全プレーンのグラフを同時に表示するモードが選択されている．ほかに以下のモードが選択可能である．

［輝度］　R, G, Bの色情報を輝度に変換したグラフを表示する．

［R］　Rプレーンのグラフのみを表示する．

［G］　Gプレーンのグラフのみを表示する．

［B］　Bプレーンのグラフのみを表示する．

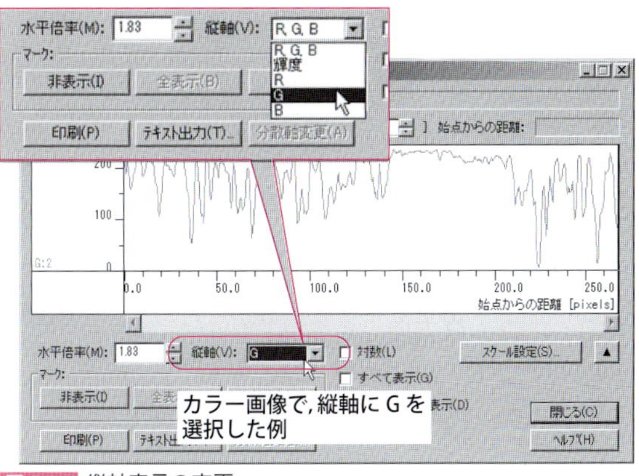

図5-14 縦軸表示の変更

(5) スケールの設定

グラフの縦軸・横軸スケールは［スケール設定(S)...］をクリックして設定できる(図5-15)．デフォルトはいずれも「自動」が選択されている．横軸は〈自動(A)〉以外に，〈固定(F)〉

した値の範囲を指定できる．縦軸は〈自動(U)〉，〈レベル調整の範囲(R)〉，または〈固定(I)〉した範囲を選択して指定できる．

また，〈対数(L)〉をチェックすると，縦軸が対数目盛のグラフを描画する．対数目盛は桁に対応した目盛りなので，値の小さなところでの変化を細かく表示し，値の大きなところの変化は粗く表示する．したがって，縦軸の値の変化が大きく，値が小さなところでの変化を細かく見たいときに使用するとよい．なお，縦軸を対数目盛にするだけならば，「スケール設定ダイアログ」を開かなくても，グラフダイアログに〈対数(L)〉のチェックボックスが用意されている．

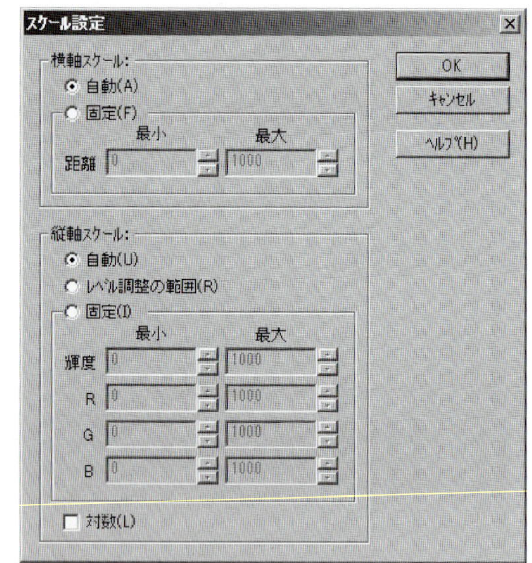

図 5-15 スケールの設定

(6) 画像ウィンドウのグラフ線の非表示・再表示，グラフの消去

画像ウィンドウに描かれたグラフ選択範囲の線は，表示を消すこともできる．これは，アイコンメニュー「マークの非表示 ...」からも行える．

〈非表示(I)〉　画像上のグラフ線を非表示(グラフ自体は消去しない)．

〈全表示(B)〉　画像上のグラフ線を再表示．

〈消去(E)〉　グラフをすべて消去．

(7) そのほかのチェックボックス

〈対数(L)〉　チェックを入れると，縦軸が対数目盛のグラフを描画する

〈すべて表示(G)〉　複数グラフの表示範囲を指定した場合，ここにチェックを入れるとすべての指定範囲のグラフを描画する(図 5-12)．

〈別画像のグラフ表示(D)〉　チェックすると，開いているすべての画像のグラフを描画する(図 5-16)．

〈▲〉ボタン　グラフ設定表示を隠したりすることができる．

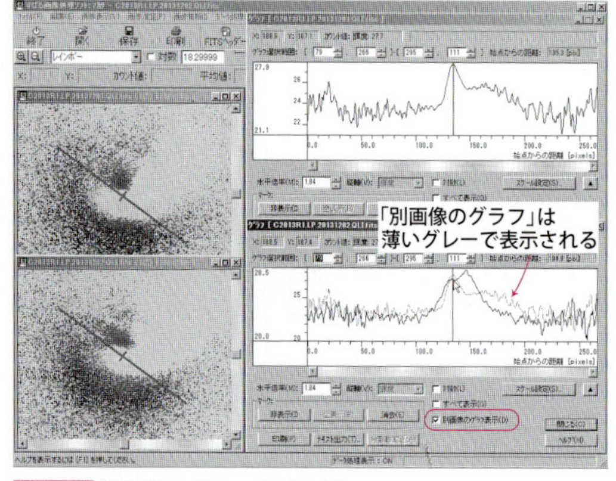

図 5-16 別画像のグラフ表示の例

4

ブリンク

小惑星などの移動天体の探索，超新星や変光星といった変光天体の検出などでは，時間を変えて同じ空の領域を撮影した複数の画像を比較する．ブリンク機能はこのようなときに大活躍する．

1．ブリンク機能

複数の画像を短い時間で繰り返し切り替えてパラパラ漫画のように表示する機能が，ブリンク機能である．小惑星などの移動天体が恒星の間を移動するようすや，超新星や変光星が明るさを変えるようすを，簡単に確認することができる．

2．ブリンク機能を使う

「データ処理(D)」メニューで［ブリンク(B)...］を選ぶか(図5-17)，アイコンの「ブリンク」をクリックすると，ブリンクダイアログが表示される(図5-18)．

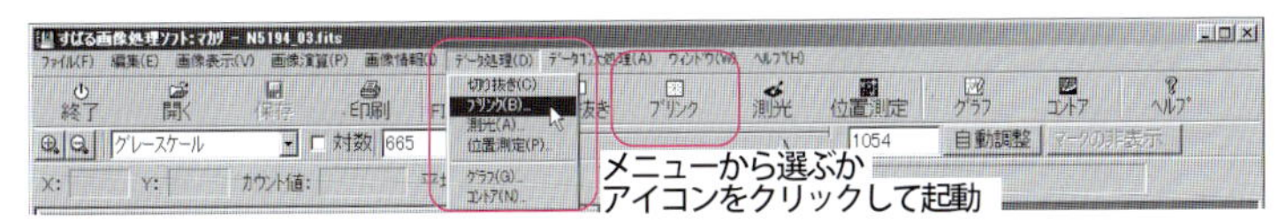

図5-17 ブリンクの起動

ダイアログの上部には，マカリで開いている画像のファイル名がすべてリストされる．したがって，ブリンクを開始する前にブリンクさせたい画像を開いておく必要がある．また，ブリンク開始前に，表示させる画像の階調を調節しておくと比較しやすくなる．

ブリンク表示させたい画像をリストに残し，必要のないものは［リストから削除(D)］，逆にリストに戻したいときは，［リストに追加(A)］ボタンで戻すことができる．

［開始(S)］ボタンをクリックすれば，ブリンクが開始される．停止するときは，同じボタンが［停止(E)］ボタンに変わっているので，これをクリックする．切り替え表示の時間間隔が早すぎたり遅すぎたりする場合は，［切り替え時間(T)］(ミリ秒単位)で設定する．

図5-18 ブリンクダイアログ

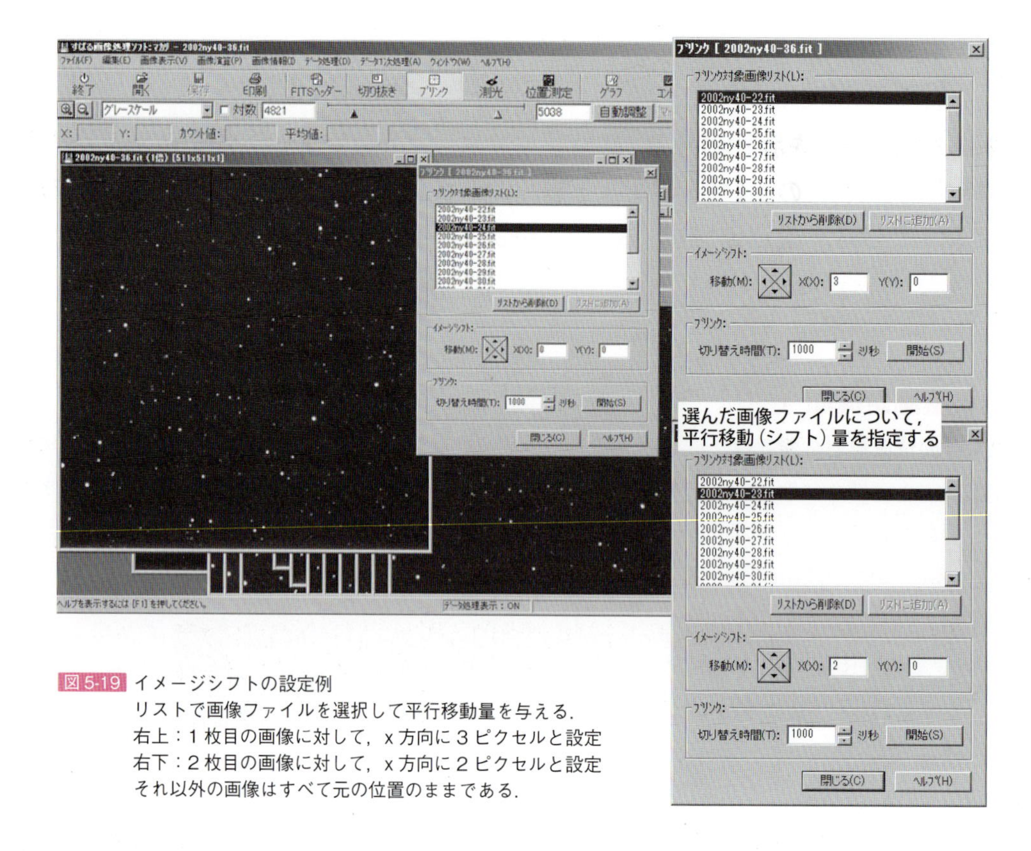

図 5-19　イメージシフトの設定例
リストで画像ファイルを選択して平行移動量を与える．
右上：1 枚目の画像に対して，x 方向に 3 ピクセルと設定
右下：2 枚目の画像に対して，x 方向に 2 ピクセルと設定
それ以外の画像はすべて元の位置のままである．

3. イメージシフトの活用

同じ天体の画像でも，時間をおいて撮った画像どうしでは，目的の天体の位置は視野内でずれていることがしばしばある．その場合は，いったんブリンクを停止してからイメージシフトのボタンで平行移動（シフト）量を与える．

ブリンクは，天体の位置合わせに必要な平行移動量を求めることにも利用できる．

図 5-19 は，小惑星の写っている複数の画像をブリンクさせたときの，画面設定のようすである．恒星の位置が一致するように，基準となる画像に対する平行移動量を，画像 1 枚ずつ設定する．

このとき得られた「基準となる画像に対する各画像の平行移動量」を画像ごとにメモしておけば，画像どうしの加算や減算（p.107）をする前の，平行移動（p.107）に利用できる．

位置測定

マウスで画像上をポイントしてもピクセル座標は表示されるが，輝度分布の重心計算に基づいた確度の高い座標を求めたり，たくさんの星の位置をまとめて測ったりするときには，この位置測定機能が威力を発揮する．

1．位置測定機能を使う

マカリの位置測定機能には,「重心」と「検出」の２通りのモードがある．「データ処理(D)」で［位置測定(P)...］を選ぶか，アイコンの「位置測定」をクリックすると(図 5-20)，位置測定ダイアログ(図 5-21)が表示され，画像上のマウスカーソルが十字に変化する．

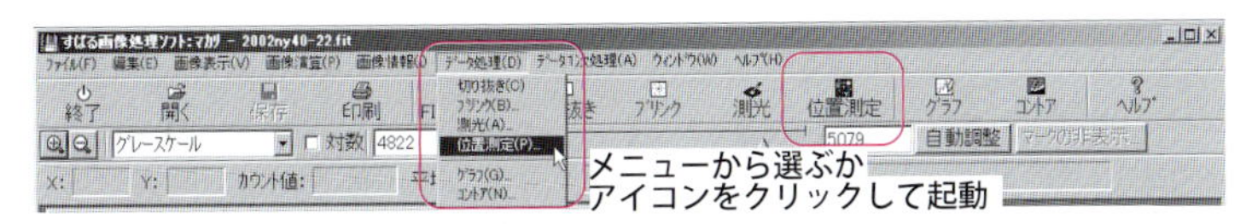

図 5-20 位置測定の起動

ダイアログの左側には，測定モードを選択するボタンがある．「重心モード」は，画像上をマウスでクリックした周辺の輝度分布の重心位置を計算する．「検出モード」では，画像上をマウスでドラッグして指定した矩形領域内で，輝度のピーク位置を検出する．

［テキスト出力(T)...］ボタンをクリックして，結果を CSV 形式のファイルに書き出すことができる．ファイル名の初期設定は，処理しているファイルに「-Positioning」が付け加えられるが，入力して変更も可能である．

マークの［非表示(I)］をクリックすることで画面ウィンドウ上のマークを非表示にすることができる．これは，［マークの非表示...］アイコンからも行える．再表示するときは［表示(S)］をクリックする．選択した位置測定データを削除するには［1 件削除(D)］を，測定データすべての削除には［全件削除(A)］をクリックする．

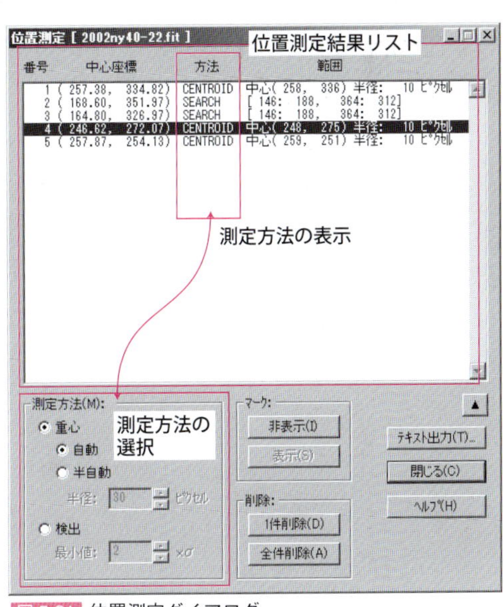

図 5-21 位置測定ダイアログ

2. 重心モード

ダイアログの測定方法で〈重心〉を選んだときの操作は，次のようになる(図 5-22).

①輝度分布の重心位置を計算するモードを〈自動〉,〈半自動〉から選ぶ.

・〈自動〉を選ぶと，輝度分布から自動で計算範囲を設定して重心位置を計算する. 通常はこちらで構わない.

・〈半自動〉を選ぶと，重心位置を計算する半径を指定することができる. 星が混んでいるところなど，狭い範囲にピークが複数あり，うまく重心が見つけられないときはこちらを選ぶとよい.

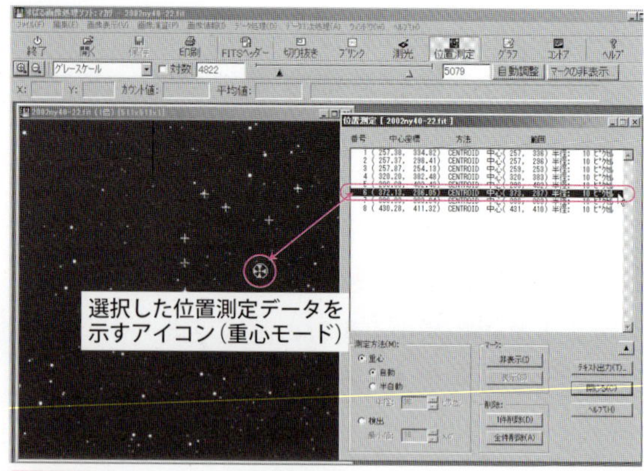

図 5-22 重心モードでの位置測定

②画像の輝度ピーク(重心位置)を求めたい天体の近くで，マウスを左クリックする.

③クリックした周辺で輝度分布の重心位置が計算され，その位置が画像上に表示される. また，ダイアログの結果ウィンドウには，重心の座標と測定方法の種類(重心＝centroid)，クリックした座標及び重心位置の計算に使用した半径が表示される.

3. 検出モード

ダイアログの測定方法で〈検出〉を選んだときの操作は，次のようになる(図 5-23).

①輝度ピーク(重心位置)として検出する値の［最小値］をσ(輝度ヒストグラムの標準偏差)の何倍にするかを設定する. この設定を変えた場合には，検出もやり直す必要がある.

②輝度ピークを検出したい範囲を，画像上でマウスでドラッグして指定する.

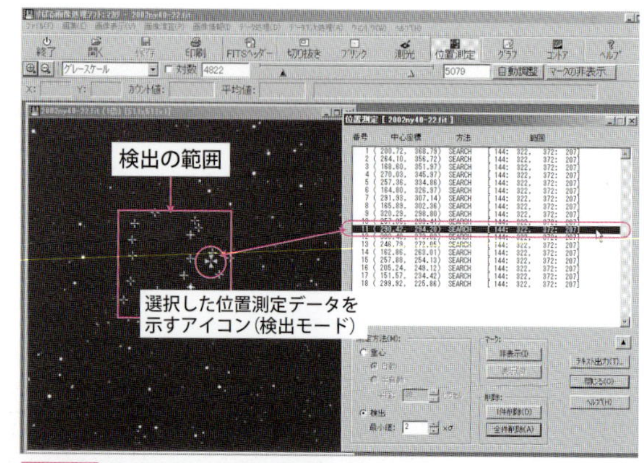

図 5-23 検出モードでの位置測定

③検出された輝度ピークの座標位置が画像上に表示される. また，ダイアログの結果ウインドウには，検出された輝度ピークの座標と測定方法の種類(検出＝search)，指定した検出の範囲がリスト表示される.

コントア

輝度の変化はグラフを使っても求められるが，一次元の情報だけである．天体の輝度分布を，地図に使われる等高線のように表すことを「コントア」という．太陽，月，惑星，星雲など広がった天体を調査するのに有効である．

1．コントア機能

コントアの作成は，複数の画像を開いている場合は，アクティブな画像に対して行われるので，まず対象となる画像を選択しておく．「データ処理(D)」で［コントア(N)...］を選ぶか，アイコンの［コントア］をクリックする．

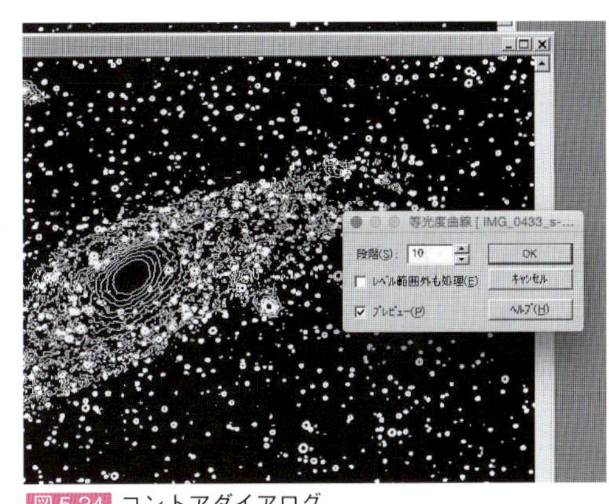

図 5-24 コントアダイアログ

初期設定では，〈プレビュー〉にチェックが入っているので，新しいウィンドウにコントア画像が作成され，パラメータを設定するためのコントアダイアログが表示される(図 5-24)．作成される画像は白黒で，元の画像が縮小・拡大されていても，スケールは等倍のものが表示される．また，元の画像の中心が，自動的にプレビュー画像の中心となる．

2．コントア機能のパラメータ設定

(1) 最低輝度，最高輝度

コントアは，等しい輝度を結ぶ線である．最低輝度，最高輝度を等分割して引かれるが，初期値は 10 段階となっている．最低・最高輝度は，対象とする元画像の表示レベル設定で決まる(図 5-25)．

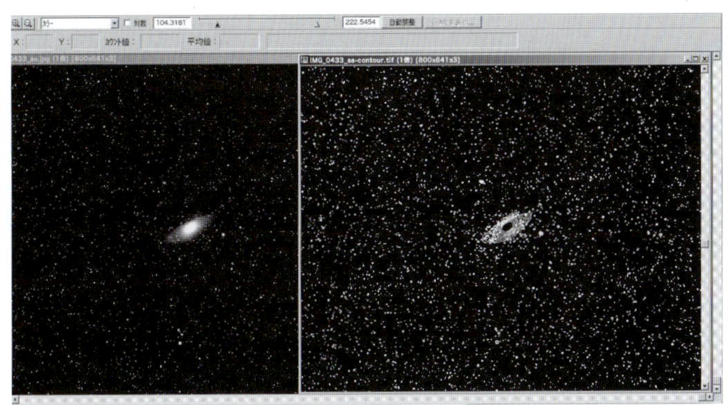
図 5-25 輝度を図 5-24 より小さくしたコントア

(2) 段階の設定

ダイアログの［段階(S)］は，ボタンをマウスでクリックして変更ができる．また，数値を入力することもできる．この数値を減らすと，コントアどうしの数値間隔が広がりコントアの本数が減る．逆に増やすと細かくコントアを描くことができる(図5-26)．［レベル範囲外も処理(E)］にチェックを入れると，表示レベル設定範囲から外れた部分にもコントアが引かれる．

段階を多くすれば，細かいコントアを引けることになるが，元画像の持っている輝度情報に注意すべきである．JPEG の場合には 8 ビット(256 段階)の輝度情報しかなく，背景の空の輝度が高い場合には，天体の画像そのものの輝度情報は，かなり少なくなる．このような場合は初期値の 10 段階で十分である．さらに細かなコントアが必要な場合は，FITS のようなフォーマットを使う．

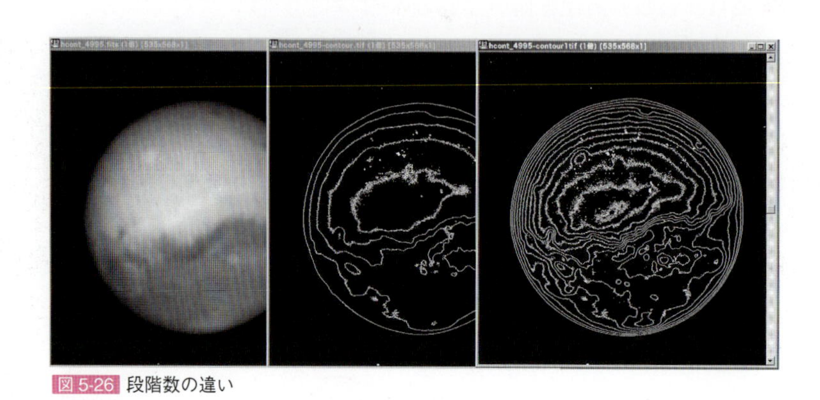

図 5-26 段階数の違い

(3) コントアの作成と保存

ダイアログの［OK］ボタンを押すとファイルの作成が行われる．プレビューでは一部しかコントアを作成しないため，あまり時間はかからないが，ボタンを押すと，全範囲のコントアを作るため，かなりの時間を要することがある．対象天体が明確であるときは，切り取った画像を作っておくとよい(p.105)．

コントア画像は，元画像のファイル名に「-contour」が追加された名前が自動的に付けられる．ファイルメニューから「名前を付けて保存(A...)」を選ぶと，ファイルの拡張子は，自動的に TIFF となっているが，JPEG，BMP，PNG などの各種フォーマットを選ぶこともできる(図 5-27)．

図 5-27 コントアの保存

測光

FITS 画像には，天体からの光の量に応じた数値（カウント値）が画素（ピクセル）ごとに記録されている．マカリの光度測定機能は，画像のある範囲内に入ってきた光量（カウント値の総計）を測定する．このように天体画像から光度を測定することを測光という．マカリの測光機能は，FITS フォーマットのデータにしか使用できない．

1．測光とは

天体画像において，ある範囲内に入ってきた光量を測定することを測光という．測光機能はマカリの特に重要な機能のひとつである．

JPEG などのフォーマットの場合，天体から届いた光量の違いを正しく表現している保証がない．そのため，マカリの測光機能は FITS のデータでしか使用できないようになっている．

星（天体）からの光の総量を求める範囲は，星像の広がりの関数(PSF)において，ピークの半分の輝度になる幅（半値幅：FWHM)をもとに決定する．背景の空の輝度は，星像のまわりに円環領域をとり，その輝度の平均値をとる．星から背景の空を差し引くと，星の輝度が求まる（図 5-28)．

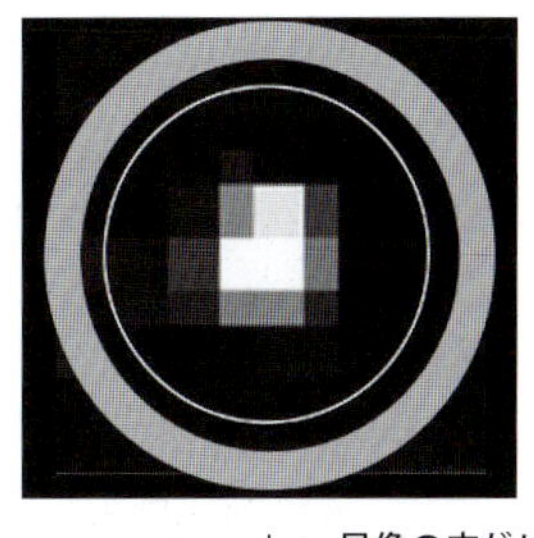

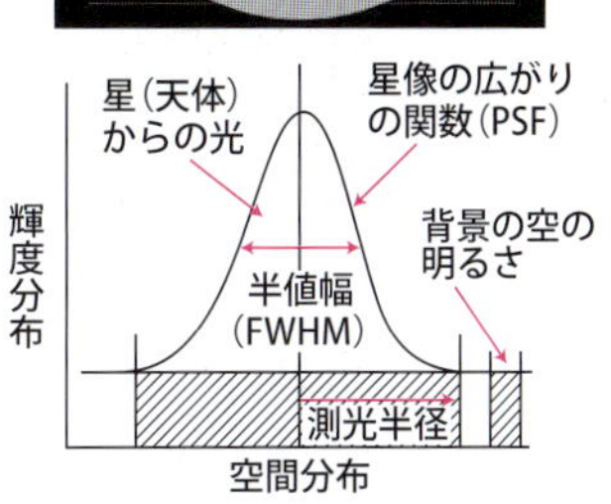

図 5-28 測光の概念図

2．測光の操作方法

測光をするには，「データ処理(D)」で［測光(A)…］を選ぶか，アイコンの「測光」をクリックし，［開口測光(S)］，［矩形測光(R)］のいずれかを選択する（図 5-29)．

測定ダイアログが表示されると，画像上のマウスカーソルが，それに応じた測光モードに変化する（図 5-30，図 5-31)．

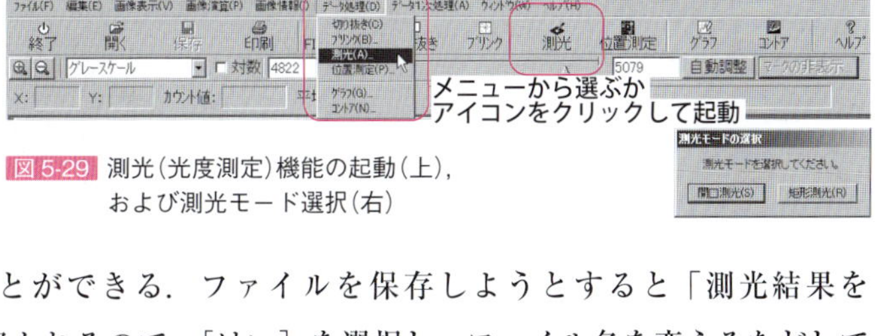

いずれの測光方法を選んでも，作業を中断してマカリを終了したいときは，測定結果を FITS フォーマットの Extension（拡張データ）として保存することができる．ファイルを保存しようとすると「測光結果を Extension に保存しますか？」と訊かれるので，［はい］を選択し，ファイル名を変えるなどして保存しておく．次にそのファイルを開くときに「過去の測光結果が Extension に保存されています．

メニューから選ぶか
アイコンをクリックして起動

図 5-29 測光（光度測定）機能の起動（上），および測光モード選択（右）

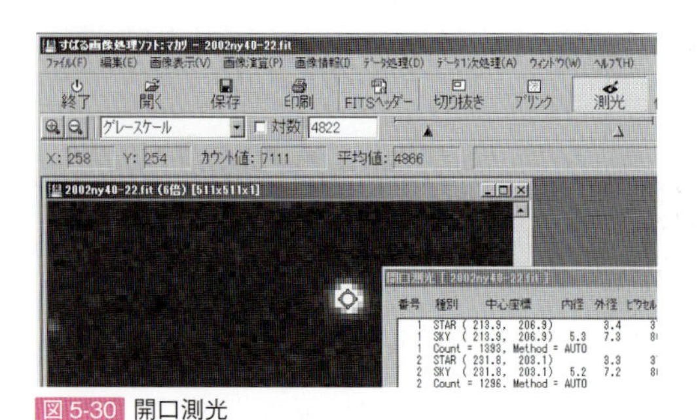

図 5-30 開口測光

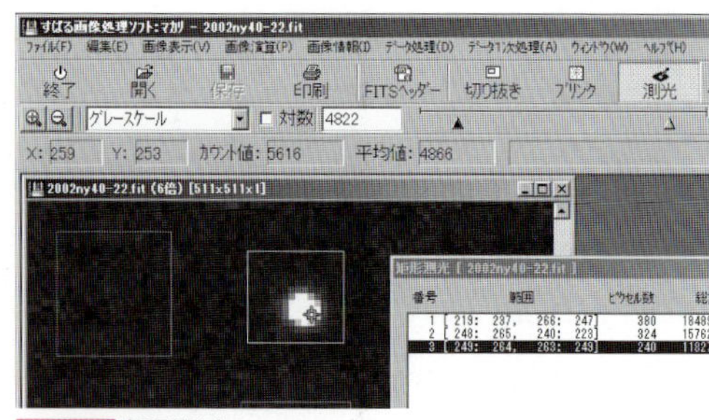

図 5-31 矩形測光

復元しますか？」と訊かれるので，そこで［はい］を選択すると測光結果が再表示される．

3．開口測光

開口測光モードを選ぶと，マカリはマウスクリックした付近に入ってきた光量を求める．星を測光する場合など，通常はこちらを選択する．

開口測光の手順は次のようになる．

①ダイアログの〈測定半径〉で，〈半自動〉か〈自動〉を選択する(図 5-32)．

・〈自動〉

マカリは，クリック位置の周囲の輝度分布に従って，輝度分布の重心を検出し，自動的に恒星とみなす半径を決定する．同時に，背景の空(スカイバックグラウンド)を測定するための円環領域の内径，および幅を選ぶ．

クリックした位置から何ピクセルの範囲で重心位置を探すかについては，〈重心検索〉に数値を入力することで指定できる．通常はこの［自動］を選択すればよい．

・〈半自動〉

恒星とみなす半径〈恒星径〉，スカイバックグラウンドを測定する円環領域の内径〈SKY 内径〉，および円環幅のピクセル数〈SKY 幅〉を，数値入力で指定することができる．〈重心検索〉にチェックを入れておくと，クリックした位置から何ピクセルの範囲で重心位置を探すかについても，数値で指定できる．

恒星が非常に混んでいる星域などで，恒星とみなす半径を指定したり，スカイバックグラウンドを測定する領域の内径を極端に大きく指定したいときなどはこちらを選択する．

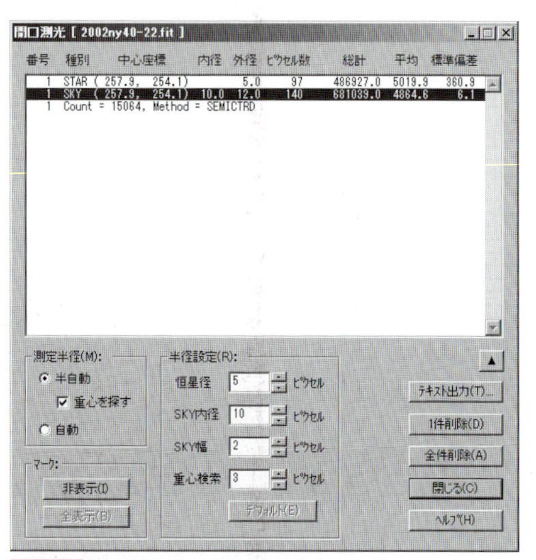

図 5-32 開口測光モードの測光ダイアログ

②画像上の測光したい恒星のピークの近くでマウスを左クリックする．

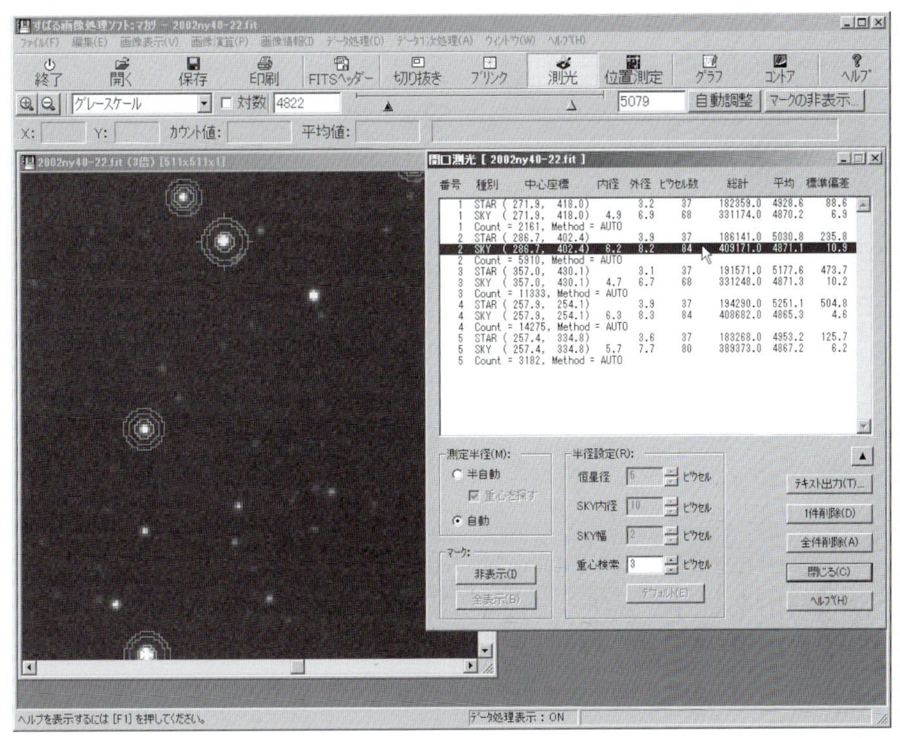

図 5-33 開口測光モードによる測光

③測定結果がダイアログの結果ウィンドウに表示される(図 5-33).

ダイアログの結果表示ウィンドウには，測光の 1 データが 3 行にわたって表示される．1 行目は恒星のデータ，2 行目はスカイバックグラウンドのデータ，3 行目は最終的な測光値であるカウント数(Count)と測定方法(Method)である．自動の場合は AUTO，半自動の場合は SEMI と表示される．

各行の数値の意味は結果表示ウィンドウの上部にも書かれているが，データ番号，種別(STAR か SKY か)，輝度重心位置の座標，測定に使った内径と外径(内径はスカイのみ)，カウント値を総計した領域のピクセル数，カウント合計，平均，および標準偏差である．したがって，1 行目のカウント値(STAR の平均)から 2 行目のカウント値(SKY の平均)を引いた値に STAR のピクセル数をかけた値が 3 行目のカウント数となっている．

複数の恒星(天体)を測光した場合，結果表示ウィンドウのデータの STAR 行か SKY 行をクリックして選択すると，対応する恒星(天体)またはスカイ領域のアイコンの形状と色が変化する(図 5-33)．多数の恒星を測光した場合，個別データからどの恒星を測光したのかを確認したいときには便利な機能である．

これら測光の測定結果は，［テキスト出力(T)... ］をクリックすることで，CSV 形式またはテキスト形式のファイルに出力することができる．CSV 形式は，エクセルなどの表計算ソフトで読み込んで処理するのに適している．ファイル名の初期設定は，測定した画像ファイル名に「-Aperture」が付加される．この名前は，変更することが可能である．

測定結果を残して画像上の測光マークの表示だけを消したい場合は，「マーク」の［非表示(I)］をクリックする．この場合は，表示が消えているだけなので，測光結果はデータとして保持されている．したがって，結果ウィンドウのデータは消えず，「マーク」の［全表示(B)］をクリックすることで，画像に測光のマークを再表示させることができる．

測光したデータ自体を消したい場合は，結果ウィンドウで消したいデータの行を選択して，［1件削除(D)］をクリックすれば，選択したデータが結果から削除される．測光結果をすべて消したい場合は，［全件削除(A)］をクリックする．このデータ削除を行うと，完全に測光結果が削除される．この作業結果は，取り消すことができない．

4．矩形測光

矩形測光は，画像上で測光したい範囲をマウスドラッグによって指定するだけである(図 5-34)．矩形範囲に入っている光量が求められる．広がった天体について，領域を矩形で指定して測光したいときや，矩形領域でスカイバックグラウンドの値だけを求めたいときなど，特殊な目的にはこちらの方法が適していることもある．

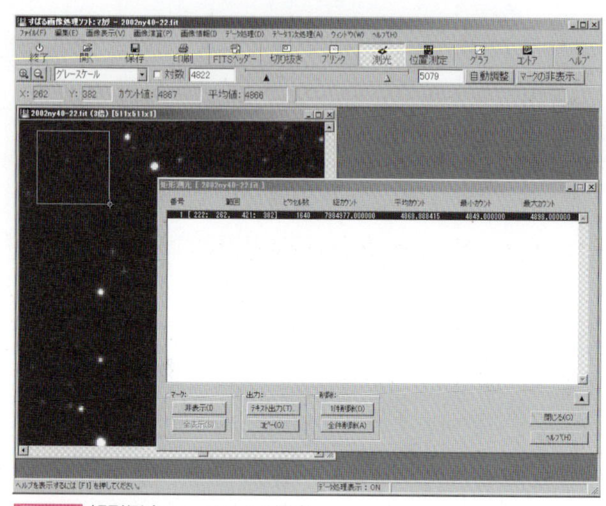

図 5-34 矩形測光モードによる測光

ダイアログの結果表示ウィンドウには，1データセットが1行で表示される．カラムの意味は結果表示ウィンドウの上部にも書かれているが，データ番号，指定領域の座標範囲，指定領域のピクセル数，カウントの合計，平均値，カウント最小値と最大値である．

これらの結果は，ダイアログの［テキスト出力(T)...］で開口測光と同様に出力することができる．ファイル名の初期設定は，測定した画像ファイル名に「-ApertureRect」が付加されるが，変更することが可能である．

測光マークの表示・非表示，結果の削除などについては，開口測光と同じである．

分散軸パラメータの設定

天体からの光を波長方向に分解して撮ったものがスペクトルである．波長方向の軸の情報（分散軸パラメータ）が設定されたFITSフォーマットのスペクトル画像の場合，グラフ機能を使って輝線や吸収線の波長を簡単に測定することができる．ここでは，その基本的な使い方に加えて，分散軸パラメータの決定の仕方と設定方法も解説する．

1．スペクトル画像と分散軸パラメータ

光を虹のように波長方向に分解して写した画像データ，あるいはその波長に対する輝度のグラフをスペクトルという．スペクトルのグラフを描いただけでは，ピクセル距離に対する輝度が表示されるだけである（図5-35）．

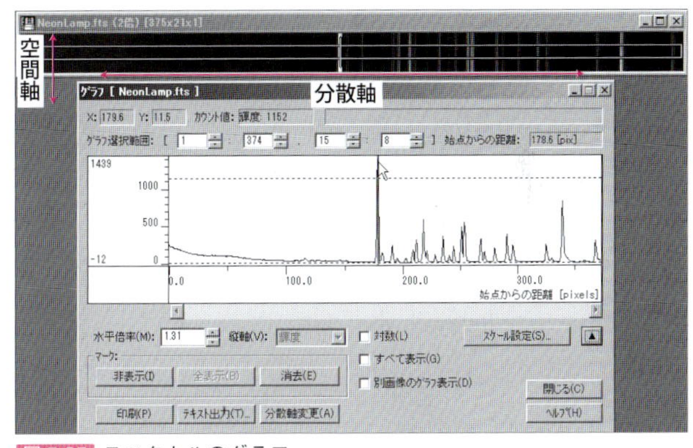

図5-35 スペクトルのグラフ

スペクトル画像の軸（x軸もしくはy軸）のうち波長方向の軸を分散軸と呼ぶ．

分散軸の方向について，ある座標での物理値，たとえば座標x_1の波長はXX nmといった値や，座標に対する物理値の関数，たとえば何ピクセル増えると波長が何nm増えるかといったパラメータが，分散軸パラメータである．これらのパラメータがわかっていれば，スペクトル画像の任意の座標に写った輝線・吸収線が何nmであるかを求めることができるようになる．

FITSフォーマットであれば，FITSヘッダーにそのパラメータを書き込むことが可能である．

2．グラフ機能とスペクトル測定

すでに分散軸パラメータが設定されたスペクトルのFITS画像の場合，そのままグラフ機能を使って簡単にスペクトルの波長を調べることができる．

スペクトルのFITS画像をマカリで開いて，グラフ機能を起動する．スペクトル上でグラフを描きたいところの始点をクリックし，終点までドラッグすると，グラフダイアログに，横軸がピクセル距離ではなく波長のグラフが表示される（図5-36）．

淡いスペクトルの場合は，画像上でShiftキーを押しながらクリックすれば，矩形領域を指定でき，何ピクセルかの幅を持った範囲での光量の総計でグラフを描ける．ただし，この場合はマウスをどのように動かしても，グラフを描く領域は画像の縦横方向の四角い領域になる．

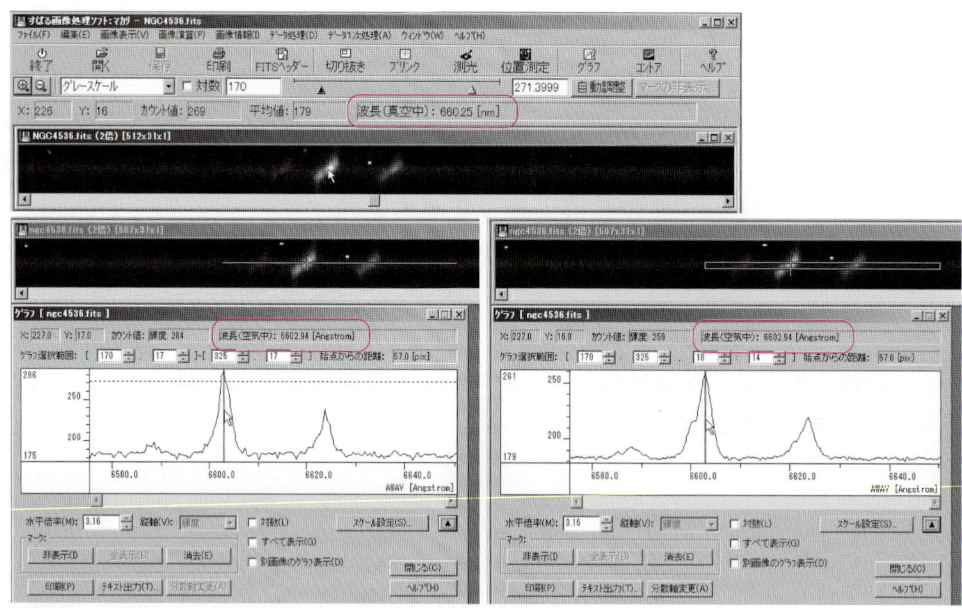

図 5-36　分散軸パラメータの設定されているスペクトル画像
(上)画像上でマウスを置いた位置の波長が，単位とともに表示されている．
(下)グラフ描画の例．カウント値の横に波長が，単位とともに表示されている．
左：通常の領域指定，右：矩形領域指定

3. 分散軸パラメータの設定

スペクトル画像を自分で撮影した場合，通常はFITSヘッダー(p.116)には分散軸パラメータは入っていない．この場合は，自分で分散軸パラメータを決定し，FITSヘッダーに入力する必要がある．

分散軸パラメータは次のような手順で決定する．なお，ここでは分散軸がx軸の場合について示す．分散軸がy軸の場合も設定できるが，画像回転(p.106)を使って分散軸をx軸にしておく方が，解析する上では便利である．

また，パラメータの設定は，スペクトル画像を撮ったときに，同じ撮影環境で比較光源(輝線の波長がわかっている光源)のデータも撮ってあることが前提である．

①比較光源の画像を開き，グラフ機能でスペクトルのグラフを表示する．このとき，矩形領域指定を使うと，ノイズの少ない読み取りやすいグラフとなることが多い．

②比較光源の輝線カタログの波長値と見比べながら，基準となる輝線をいくつか選び，それぞれの輝線の座標値を読み取って記録する．輝線の同定はグラフの輝線のピークの高さや間隔をカタログと比較して行う．『理科年表』には，代表的な輝線が載っている．

③②で読み取った座標値から，分散軸に対する波長の変化のグラフを作成し，グラフから基準とする分散軸の座標－波長の1組(x_1, λ_1)と，分散軸の座標値に対する波長の関数$\lambda = f(x)$を求める(図5-37)．簡単にするため，$f(x)$はxの1次関数とみなす．

④天体のスペクトル画像を開き，決定したパラメータを，FITSヘッダー情報として入力する．入力手順は次のとおりである．

・「画像情報(I)」で［FITSヘッダー(H)…］を選ぶか，アイコンの［FITSヘッダー］をクリックする．
・FITSヘッダーダイアログで［分散軸パラメータの設定(D)…］をクリックする．分散軸パラメータの設定ダイアログが開く(図5-38)．
・〈分散軸の選択(S)〉を行う．今回の場合は，x軸を選択する．
・〈分散軸の種別(T)〉を選択する．波長でパラメータを決定したので，波長を選択する．比較光源の輝線の波長決定に用いたカタログに従って，〈波長(真空中)〉もしくは〈波長(空気中)〉のどちらかを選ぶ．
・〈分散軸の単位(U)〉を選択する．波長の場合，〈Angstrom〉もしくは〈nm〉になる．図5-37でパラメータを決定する際に使った単位をもとに選ぶ．
・〈参照点の位置(X Y)(R)〉を入力する．x座標には図5-37で決定したx_1を，y座標にはスペクトルのグラフを表示したグラフ線のy_1を入力する．
・〈参照点での物理量(P)〉を入力する．図5-37で決定した参照点x_1における波長λ_1を入力する．
・〈画素あたり物理量増分(D)〉を入力する．図5-37で決定した関数の傾きを入力する．
・すべて入力したら［OK］をクリックしてダイアログを閉じる．

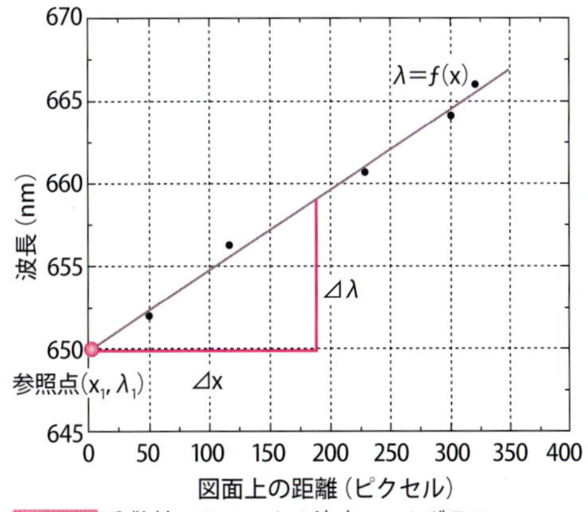

図5-37 分散軸パラメータの決定　x-λグラフ

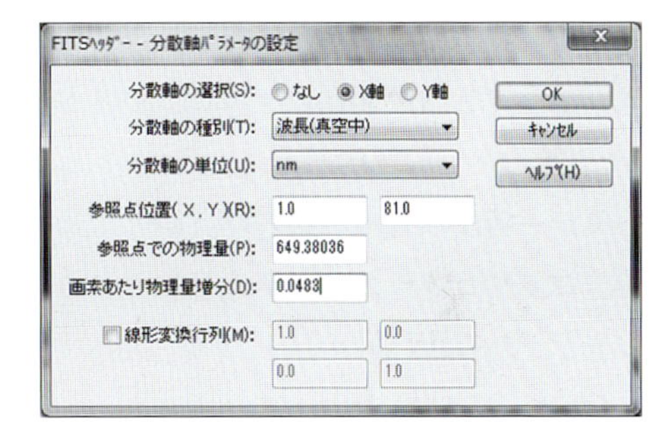

図5-38 分散軸パラメータの設定ダイアログ

入力し終えたスペクトル画像を保存すると，分散軸パラメータがヘッダーに保存される．この画像を改めて開いてみると，ステータスバーの平均値の右に，波長が単位とともに表示される．また，グラフを描いてみて，グラフエリアをマウスの左ボタンでドラッグすると，輝度の表示の右隣にも波長が単位とともに表示される．

9

カラー画像の処理

天体観測の画像は，基本的には白黒である．光の強さの段階を白から黒，つまりグレーを含めた無彩色で表した画像である．カラー画像は，特定の波長域（色）で撮影した画像をもとに，人間の感じとれる色として再現したものである．そのためのソフトウェアも存在するが，マカリが扱うのは，あくまでも光の強さである．

1．FITS のカラー画像

FITS のカラー画像は，3 つの画像（プレーン）から構成され，それぞれが輝度情報を持っている．マカリはこれを表示させるときに，それぞれの色のプレーンを比較して，相応の色を出す．FITS のヘッダーには，カラー画像であるかどうかが書かれている．通常は，3 つのプレーンをデジタルカメラの RGB と同じ色の組み合わせとして扱う．画素数の 3 倍にあたるデータが入っていることになる．

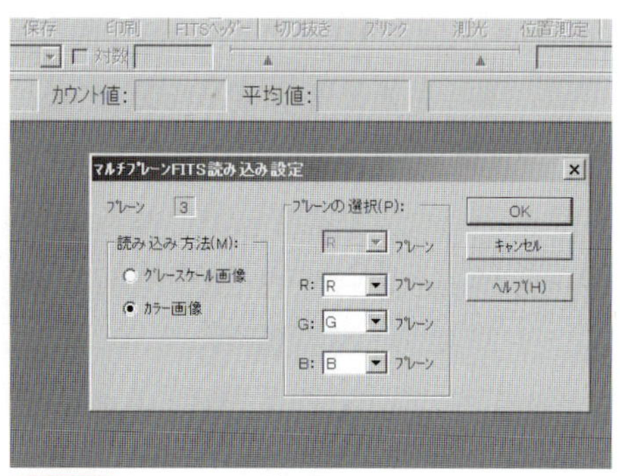

図 5-39 カラー FITS 読み込み

2．カラー画像の読み込み

カラー画像の FITS を読み込むと，3 つのプレーンを合成してカラーで表示するかどうかのダイアログが表示される（図 5-39）．

［グレースケール画像］を選択すると，どのプレーンを読み込むかを選択できる（図 5-40）．たとえば，このときに〈R〉を選択すると，R のプレーンだけが読み込まれ，輝度に応じたグレースケールで表示される．さらに同一ファイルを読み込み，〈G〉，〈B〉のプレーン選択すると，カラー FITS に含まれていた，RGB それぞれのプレーンを独立した画像として表示，解析することができる．

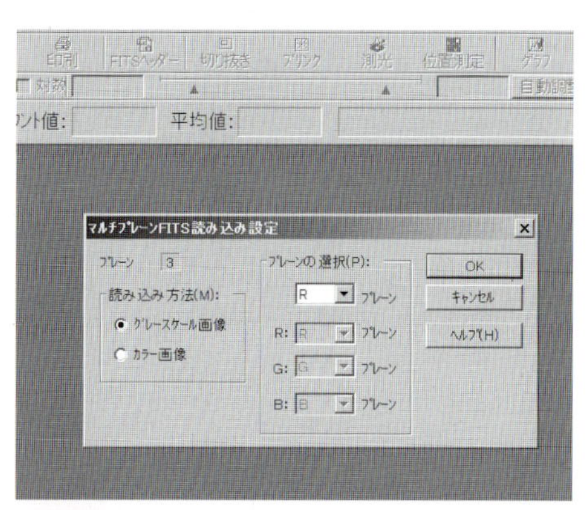

図 5-40 単一プレーン読み込み

デジタルカメラは，カラー画像なので，RAW 画像を FITS に変換すると，RGB のそれぞれのカラーの情報をもったファイルに分解できる．このことを，「RGB カラー分解」と呼ぶ（図 5-41）．

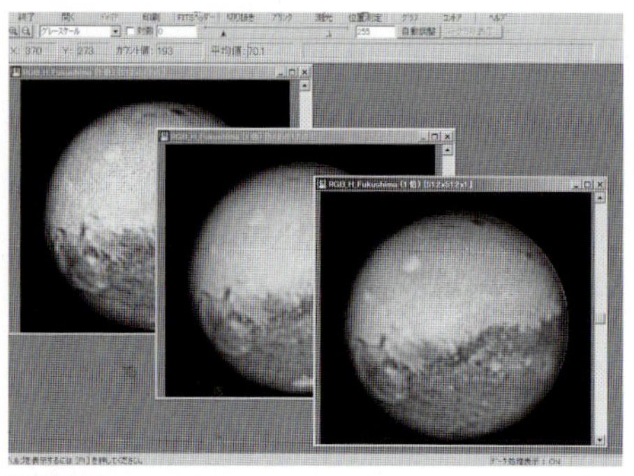
図 5-41 RGB 分解

切り抜き

得られた画像から，目的の天体部分を切り出すために，「切り抜き」機能がある．最近のデジタルカメラは高画素化が進んでいるため，そのままの画像サイズでは処理が重くなる．1次処理が終わった画像は，目的に合わせて部分的に切り出して利用することも多い．

1．切り抜き機能

メニューで「データ処理(D)」，［切り抜き(C)］を選択するか，［切り抜き］アイコンをクリックする．画像上でマウスを左クリックして始点の位置を決め，そのままドラッグして離すと終点が決まる．2つの位置を元に，矩形範囲を切り抜くことができる．

ダイアログには，最上段にマウスで［現在選択した範囲(N)］が座標で表示される(図5-42)．座標は，通常使われている［x1, y1；x2, y2］という形式ではなく，［x1, x2；y1, y2］となっている．中段の表示では，数値で範囲を入力できる．最下段の［前回選択された範囲］は，直前に切り抜きを行った範囲が表示され，［前回選択範囲(S)］ボタンを押すと，同じ位置が指定できる．これは，複数の画像で同じ位置を切り取る場合に便利である．

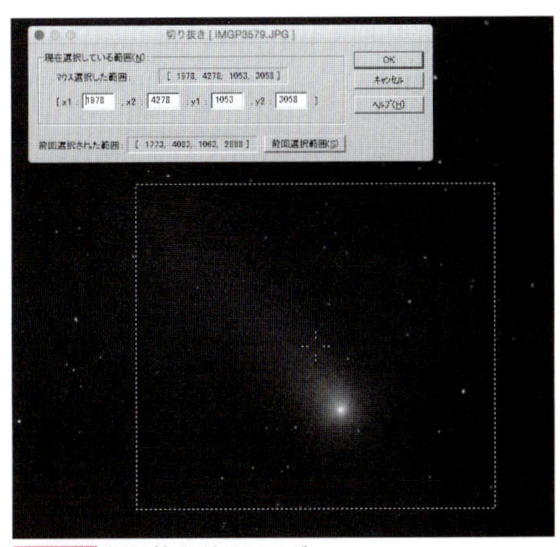

図 5-42 切り抜きダイアログ

元の画像が拡大・縮小されていると，切り抜いた画像も，同じ拡大・縮小率のまま表示される．表示レベル設定も同様である．切り抜きをやり直しをしたい場合には，メニューから「編集(E)」，［切り抜きを元に戻す(U)］を選ぶ．切り抜かれた画像のファイル名は，元画像と同じのため，上書きで保存するときには注意が必要である．また，切り抜く画像のサイズが大きすぎると，マカリの動作が不安定になることがある．

円の中心を求めてみよう

月・太陽など丸い天体や日周運動・地球の影などの中心を画像上で求めたいとき，よく用いる方法は２本の弦の垂直二等分線の交点を求める方法です．マカリのグラフ機能で弦を引いて，弦の両端の xy 座標を使って中点を求め，画面上で三角定規や分度器などを使ってその中点から垂線を引くことができます．弦を xy 座標に沿って引くと垂線はより確実に引けます．

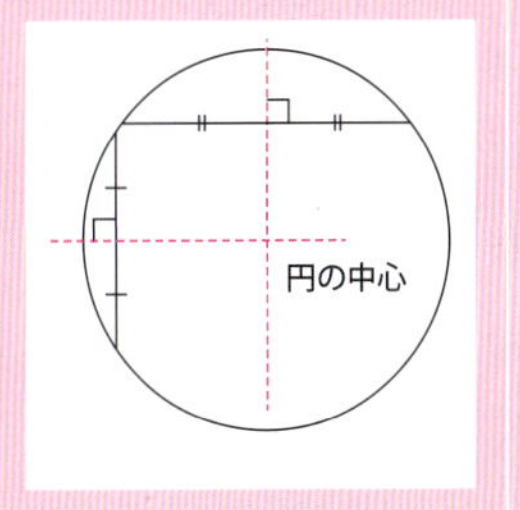

11

画像演算

撮影した天体画像は1次処理を行った後，測定データとして解析に使えるものにするため，さまざまな工夫がなされる．画像どうしの四則演算，回転をはじめ，複数の画像を重ね合わせたりすることもある．観測された結果の精度を保持して，解析によってデータを引き出すためにはFITSフォーマットが望ましい．

1．マカリの画像演算機能

マカリに備わっている画像演算機能は，以下の通りである．メニューから「画像演算(P)」を開いて選択する(図5-43)．

・上下反転，左右反転
・回転
・平行移動
・画像解像度
・加算，減算，乗算，除算
・バッチ処理［加算平均と中央値］

フォーマットは，JPEGからFITSまで，すべてに対応している．また，異なるフォーマットどうしの演算も可能である．ただし，その場合の精度は，輝度段階の少ないフォーマットに依存することになる．

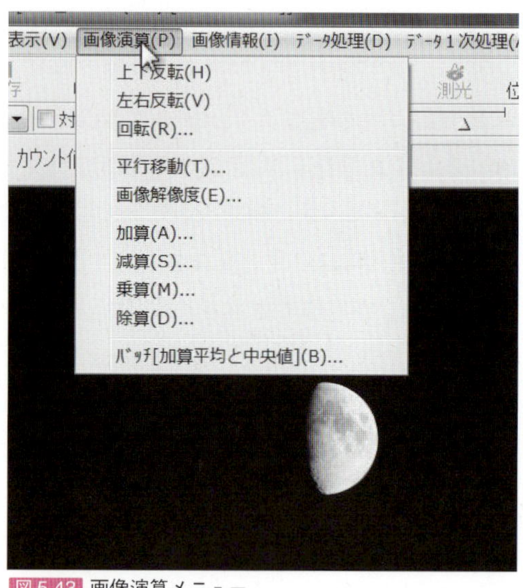

図5-43 画像演算メニュー

2．反転と回転

(1) 反転

処理したい画像をアクティブにして，メニューから［上下反転(H)］，［左右反転(V)］を選択する．これらの操作を実行すると，表示だけでなく画像の実際の座標も反転する．

(2) 回転

画像中心を原点として，画像を指定した角度で回転を行う(図5-44)．回転によって生じた余白はBLANKキーワードで指定されたカウント値で埋められる．BLANKキーワードが存在しない場合には，処理を行っ

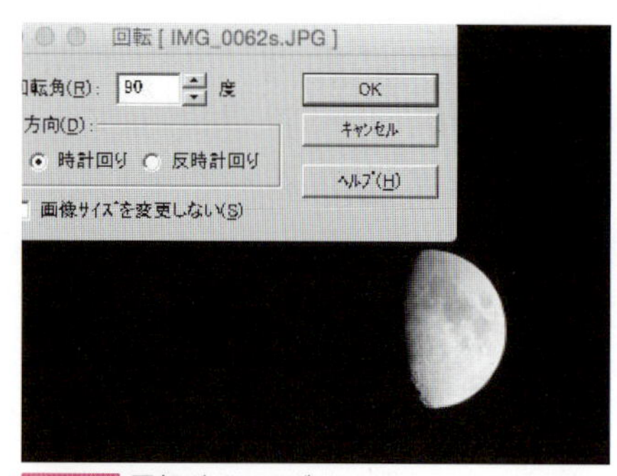

図5-44 回転ダイアログ

た画像の最小の値が入る．BLANK の値は，FITS ではヘッダーで定義されるが(p.116)，通常の演算では意識することはない．JPEG などの場合は，BLANK キーワードがないので，マカリを開いたときのウィンドウのバックカラーであるグレーが入ることになる．

回転角は，数値で角度を指定する．ボタンで上下させることも，入力することもできる．0°.1 単位は数値で入力する．回転方向は,〈時計回り〉,〈反時計回り〉を切り替えることができる．方向は，回転角度を負の値にしても同様な操作ができる．〈画像サイズを変更しない(S)〉のチェックをオンにして実行すると，画像サイズは元のサイズのままになり，回転によってはみ出した部分は切り捨てられる．オフにして実行すると，画像サイズは回転の分だけ大きくなり，四隅の空白部分は BLANK のカウント値で塗りつぶされる．

3. 平行移動

処理したい画像をアクティブにして，メニューから［平行移動(T)...］を選択する(図 5-45)．移動方向は,〈右〉,〈左〉,〈上〉,〈下〉から選択する．移動量はピクセル単位で，ボタンもしくは数値の入力で行う．移動で発生した空白部分は，BLANK 値で塗りつぶされる．

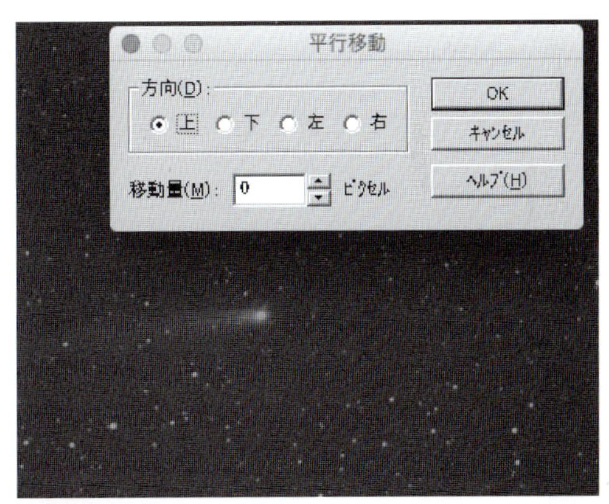

図 5-45 移動のダイアログ

4. 画像解像度の変更

処理したい画像をアクティブにして，メニューから［画像解像度(E)...］を選択する(図 5-46)．ダイアログの中央に現在の解像度の情報が示される．変更したいサイズに合わせ［幅(X)］,［高さ(Y)］ボタンもしくは数値の入力で行う．［単位(U)］は，ピクセル，あるいは倍率(%)で選ぶ．［縦横比(R)］は固定にしておくと，縦，横のどちらかを指定することで自動的に一方の値が表示される．［自由］を選ぶケースは，合成したい画像のサイズを合わせるときに使用する．［ST6］にすると，SBIG 社の ST6 の CCD の縦横比で比率が補正される．

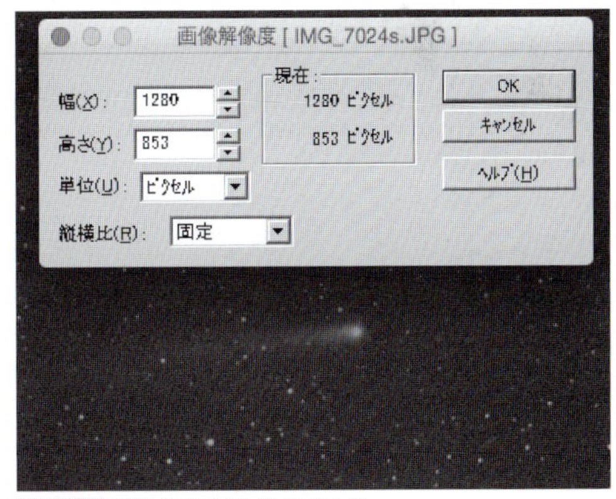

図 5-46 解像度の変更ダイアログ

5. 加算，減算，乗算，除算

(1) 演算量，ファイル

画像の四則演算のダイアログは，共通である(図 5-47)．主に［加算(D)］を例に解説する．演算を行う画像のファイル名が「選択画像」と表示される．［加算量(D)］として，3 種類の選択肢があるので演算の対象を選択する．〈定数〉は，画像の階調に入力された数値分だけ加算する．〈表示画像〉を選ぶと，マカリ内に読み込まれている画像ファイルのリストが出てくるので，適当な画像を選択する．初期状態は処理を選択した画像である．［減算(S)］の場合，〈プレビュー(P)〉がオンになっていると，演算結果はゼロになるから真っ黒になる．〈画像ファイル〉を選ぶと，［参照(E)...］によってパソコン内の任意の場所から画像を選択できる．

(2) 位置合わせ

背景が単純な場合は，〈プレビュー(P)〉をオンにしておくと，重なり具合を確認しながら操作できる(図 5-48)．

十字の移動ボタンをクリックすると，1 ピクセルずつ画像の位置が移動する．Shift キーを押しながらクリックすると 10 ピクセル，Ctrl キーでは 0.1 ピクセル単位で移動する．移動させる数値は入力も可能である．

［回転(R)］は，指定画像の中心を軸にして回転させる．回転角はボタンあるいは数値入力で指定できる．クリックすると 1 度単位，Shift キー，Ctrl キーを押すと，移動と同じ機能となる．

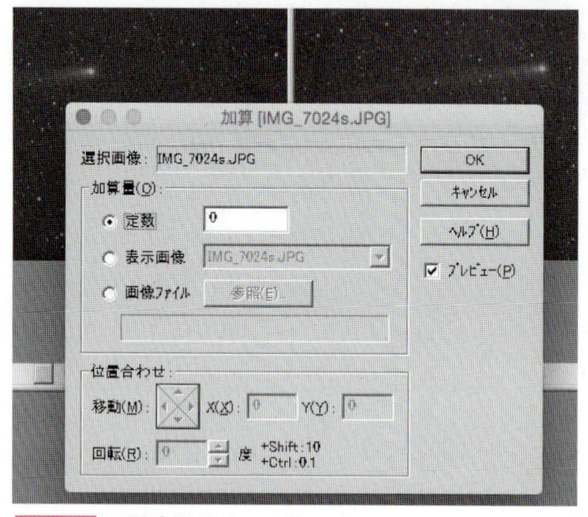

図 5-47 四則演算ダイアログ

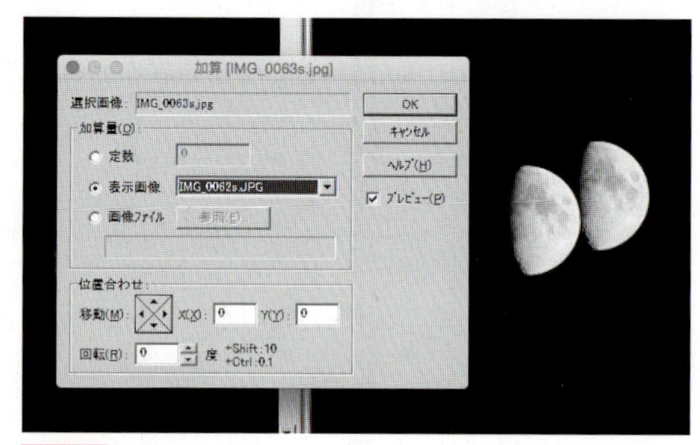

図 5-48 位置合わせ

(3) 演算処理の工夫

画像演算を行うと，表示レベル範囲を超えて画像が見えなくなることがある．その場合には，対象画像のレベル調整を再度行ってから実行する．また，加算では見えにくい場合に，減算で位置合わせの移動量を確認をして，数値入力によって加算するという方法もある．なお，演算によってできた空白部分には，BLANK 値が入る．

プレビューによって表示される画像を見ながら画像演算する方法は簡単だが，正確に合わせる場合には，位置測定を行ってから移動量を数値入力をするとよい．また，目的に応じた位置合わせも必要である．彗星などの移動天体の場合には，恒星ではなく彗星のコマ中心に合わせて重ねた方がよい．逆に，公転運動を明らかにしたいならば，恒星を基準にするとよい．

マカリは画像の 1 次処理をメニューとして持っているが，この四則演算メニューを用いると，手動で 1 次処理を行うことができる．どのような画像演算をすれば結果がどうなるか，自分で確かめ

てみるのもよいだろう．

(4)演算結果の保存

対象となった画像のファイル名はそのままであるため，結果は名前を変えて保存するのがよい．このときフォーマットは自由に選べる．ただし，マカリで演算しているときには，32 ビット以上の精度であるのに，JPEG で保存すると 8 ビットになるため，演算した価値，詳細な情報が失われてしまう．FITS で保存することが理想であるが，16 ビットの TIFF に変えるという考え方もある．

6. バッチ処理

複数の画像ファイルをまとめて指定して，一度に画像を合成(コンポジット)を行うのが，このメニューである(図 5-49)．複数枚撮影したダーク，フラットの平均化した画像を作成するときなどに役立つ．

図 5-49 バッチ処理

(1)ファイルリスト

「画像演算(P)」からバッチ［加算平均と中央値］(B)... を選ぶと，ダイアログが開く．マカリに読み込まれている画像が自動的に「対象ファイルリスト」に表示される．［リストから削除(D)］ボタンで不必要なファイルを消すことができる．この操作によって，読み込まれたファイルが消えるわけではない．［リストに追加(A)］ボタンで，パソコン内の任意の画像をリストに追加することができる．

(2)位置合わせ

［位置合わせ(P)］チェックボックスを使うと，細かな設定ができる．画像上に惑星など，明るい天体が写っている場合には，［画像の重心］を選ぶと，各画像の重心が自動的に計算され位置合わせができる．［画像マッチング］を選ぶと，画像どうしのズレが計算され位置合わせが行われる．

その際は,［画像マッチング設定］によって，ズレの計算の最大幅を指定しておく．［ずれの最大］は，ピクセル単位で設定する．〈サブピクセル移動で計算(S)〉をオンにすると 0.1 ピクセル単位の高精度で計算するが，非常に時間がかかる．重心とマッチングは，上下左右方向の平行移動によるズレには対応するが，回転によるズレに対応しない．

位置合わせをチェックしない場合には位置合わせはされない．フラット，ダークの合成は位置合わせは行わなくてよい．

(3) 合成先と合成方法

合成した結果は，〈新規ウィンドウ〉もしくは〈アクティブウィンドウ〉を選べる．新規にしておく方が混乱が少ないので，こちらをお勧めする．アクティブウィンドウとは，バッチ処理を始めたときにアクティブだった画像のことである．合成方法(M)は，プルダウンメニューを開いて選択する．

・「加算」　リストの画像のすべてを加算して合成する．
・「加算平均」　リストの画像の加算平均で合成する．
・「中央値」　リストの画像の中央値で合成する．

どのような方法を使うかは，目的によって判断することになる．一般には，淡い画像を浮き上がらせるために行う「加算」やノイズの低減効果がある「加算平均」の使用が多い．

〈3 − σクリッピング(C)〉は，加算平均が選択されている場合にのみ選択できる．これは，複数の画像を比較して，そのピクセル値が，標準偏差の 3 倍以上のズレを持った特異な値であるときに，排除する設定である(P.43)．

対数を使ってみよう

「天文学的数字」という言葉を聞いたことがあると思います．ゼロがたくさん付くような桁数の大きな数値のことです．たとえば，1 光年は約 9460000000000 km です．このような大きな数値と地球半径（約 6400 km）を同じグラフに書けるでしょうか．ふたつの数値を指数で表してみると，それぞれ 9.46×10^{12} km，6.4×10^{3} km となります．ここで大切なことは,10の何乗かということです.これを利用した考え方が，対数（log：ログ）です．真数（x），対数（y）とすると，この関係は次のように表されます．

$$y = \log_{10}(x)$$

この計算は，表計算ソフトや電卓で簡単にできます．

$$3.80617997 \fallingdotseq \log_{10}(6.4 \times 10^{3})$$

$$12.97589114 \fallingdotseq \log_{10}(9.46 \times 10^{12})$$

星の明るさと等級の関係には，この対数が使われます．

真数	指数表示	対数
0.01	10^{-2}	−2
0.1	10^{-1}	−1
1	10^{0}	0
10	10^{1}	1
100	10^{2}	2
1000	10^{3}	3
10000	10^{4}	4
100000	10^{5}	5

1次処理とバッチ処理

フラット，ダークの補正は画像演算そのものである．マカリには1次処理専用のメニューがあり，効率よく作業を行うことができる．高精度で測定できるFITS形式のデータを活用するために，1次処理は欠かせない．

1．1次処理の逐次メニュー

画像処理には，ひとつひとつの手順を確かめながら行う場合と，ほぼ同じ作業を繰り返す場合がある．マカリの1次処理メニューには，両方が備わっている．「データ1次処理(A)」メニューをクリックすると，5つの処理方法が表示される（図5-50）．

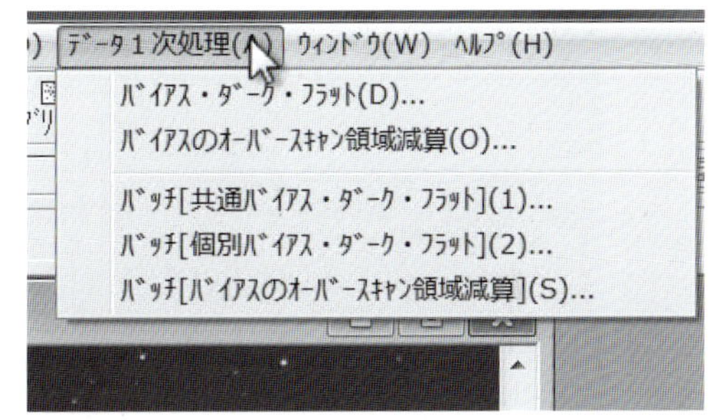

図5-50　1次処理メニュー

(1) バイアス，ダーク，フラット

［バイアス・ダーク・フラット(D)...］は，アクティブな画像に対しての補正を，指定されたファイルを使って行う（図5-51）．補正を行う処理にチェックを入れる．マカリに読み込まれているファイルがタブをクリックすると選択できる．パソコン上のファイルを呼び出すには，〈参照(R)，(E)，(A)，(C)〉ボタンを押す．

〈各フレームへのバイアス補正(B)〉は，冷却CCDカメラの場合に使われるが，デジタルカメラの場合には必要はない．

〈ダーク補正(D)〉は，天体画像を撮影した際に取得したダーク画像を指定する．

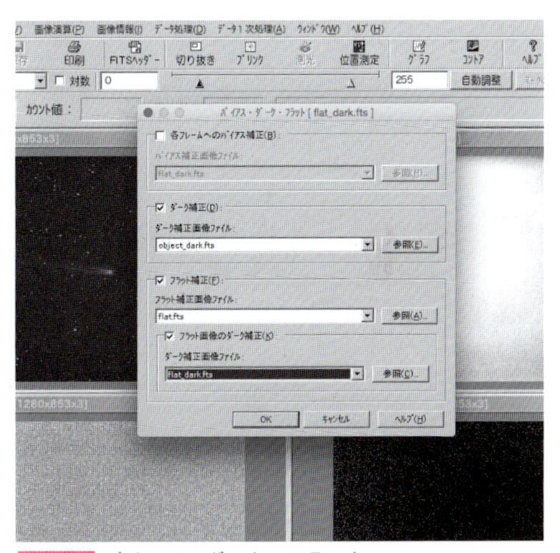

図5-51　バイアス・ダーク・フラット

〈フラット補正(F)〉は，フラット画像に対して，すでにダーク補正を行っていれば，それを指定するだけでよい．ダーク補正が済んでいなければ，〈フラット画像のダーク補正(K)〉オンにして，フラット画像用のダーク画像を指定する．なお，マカリでは，ダーク補正でマイナスになったピクセルの値は0にしている．フラット画像が，0またはそれ以下のピクセルの場合は，元画像の値のままになる．

(2) オーバースキャン領域減算

CCDカメラには，観測に使用されないピクセルが存在する．領域を数値で入力して，バイアス画像に対して，オーバースキャン領域の減算を行う．デジタルカメラで使用することはない．

2. 1次処理のバッチメニュー

(1) バッチ［共通バイアス・ダーク・フラット］

複数画像に対して，同一のバイアス・ダーク・フラット画像で一括して補正するものである．この方法が，最も多く使われている処理方法である（図 5-52）．

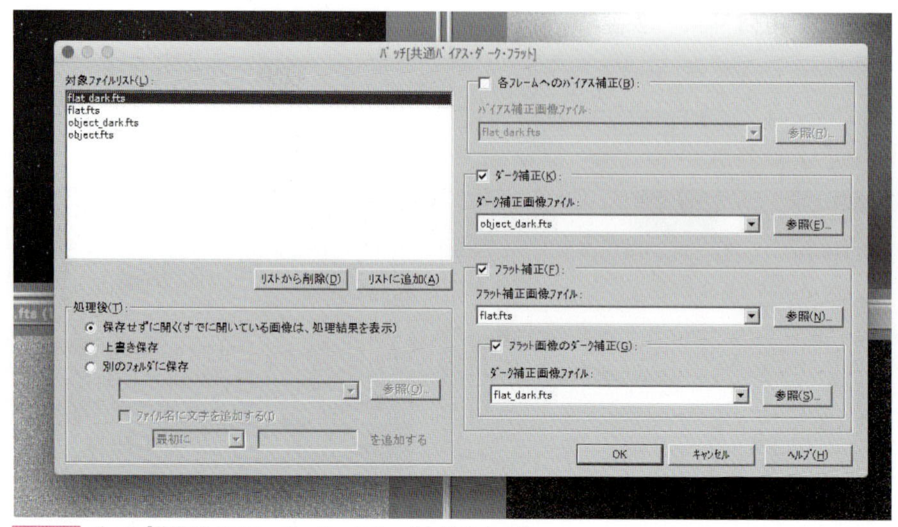

図 5-52 バッチ［共通バイアス・ダーク・フラット］ダイアログ

ダイアログが開くと，「対象ファイルリスト（L）」が表示される．この画像に対して1次処理を行うことになる．マカリに読み込まれている画像がすべて表示されるので，ダーク，フラットの画像は，〈リストから削除（D）〉ボタンで削除する．もちろん，この操作で画像ファイルが削除されるわけではなく，対象からはずすだけである．まだ読み込まれていない，処理したいファイルがあれば，〈リストに追加（A）〉ボタンで追加する．1次処理に用いる画像の指定方法は，逐次処理と同じである．

バッチ処理なので，処理された後の保存方法は，次の設定ができる．

- 「保存せずに開く」　対象となった画像が処理された結果を表示する．
- 「上書き保存」　対象の元画像ファイルに，上書き保存する．
- 「別のフォルダに保存」　指定したフォルダに，元画像と同じファイル名で，新規に保存される．この場合は，「参照」をクリックして，新規保存先のフォルダを指定する．

〈ファイル名に文字を追加する（I）〉をチェックすると，対象の元画像の名前に，任意の文字を付け加えて保存できる．文字列は，最初または最後に追加される．

(2) バッチ［個別バイアス・ダーク・フラット］

複数の画像に対して，それぞれ別のバイアス・ダーク・フラット画像で一括して補正できる（図 5-53）．

「ファイル（F）」の〈参照（R）〉ボタンで，処理したい画像，ダーク，フラット画像が含まれるフォルダを指定する．ここでは，フォルダを選択するだけでなく，どれか画像をひとつ選択してから，〈フォルダを選択ボタン〉を押す．すると，フォルダに含まれるファイル名がすべて表示される．

表示された各ファイル名を，上の表のセルにドラッグする．または，表のセルを指定した後で▲ボタンをクリックする．表内では，Ctrl + C キー（コピー），Ctrl + V キー（貼り付け），Ctrl + X キー（削除），DELETE キー（削除）を使うことができ，リストを容易に作成できる．

「ファイル名(N)」の欄は，表内でアクティブになっているセルを表し，フォルダのパスもすべて表示される．ここで，修正入力して変更することもできる．この操作は，保存ファイル名についても有効である．

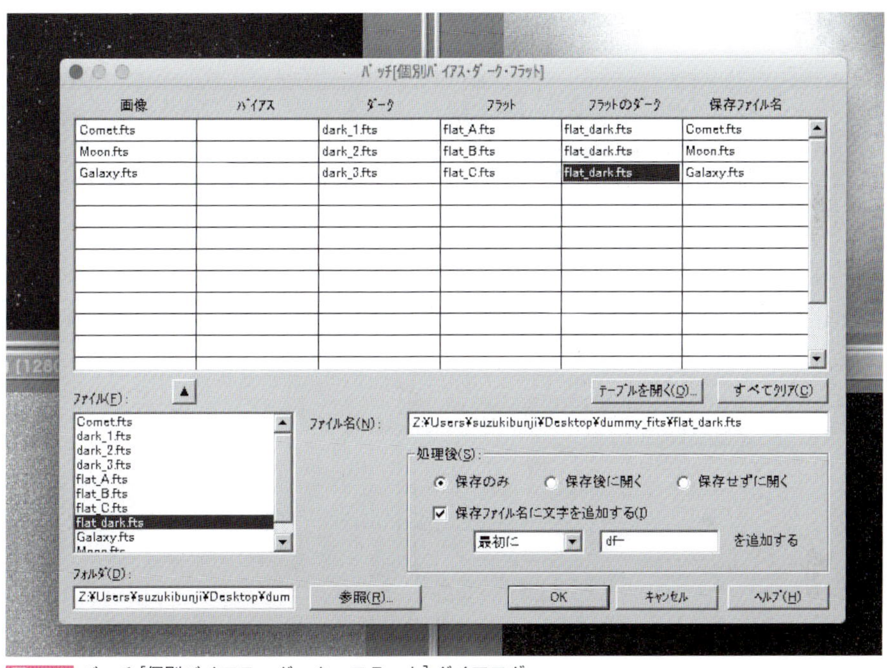

図 5-53 バッチ［個別バイアス・ダーク・フラット］ダイアログ

ファイルの保存方法は，「共通バッチ」と同様である．表内の「画像」に入力された名前が，初期設定では，そのまま「保存ファイル名」として表示される．

〈テーブルを開く〉ボタンを使うと，カンマ区切りのテキストで書かれた処理リストを表内に挿入することができる．処理リストは，エクセルやエディターなどで作っておくと，マカリを開くことなく処理の設定を決めておくことができる．各列をカンマで区切り，ひとつの処理ごとに改行を入れる．図 5-53 の場合，バイアスが無いため，そこを空白として，次のように書く．

```
Comet.fts,,dark_1.ft,flat_A.fts,flat_dark.ft,Comet.fts
Moon.fts,,dark_2.ft,flat_B.fts,flat_dark.ft,Moon.fts
Galaxy.fts,,dark_3.ft,flat_C.fts,flat_dark.ft,Galaxy.fts
```

なお，〈全てクリア〉ボタンを押すと，表内のファイル名がクリアされる．

(3) バッチ［バイアスのオーバースキャン領域減算］

1. (2)の処理を複数のバイアス画像に対して行うものである．ファイルリスト，保存方法の設定など，ほかのバッチ処理と同様の操作となっている．

三角関数を使ってみよう

天体の位置や距離を調べるときに，これが使えればというのが三角関数です．右図のような直角三角形を考えたとき，三角形の辺の長さと角度の関係です．*sin*（サイン），*cos*（コサイン），*tan*（タンジェント）という名前が付いています．

たとえば，図の点 A に地球があったとしましょう．この地球から a という距離にある銀河を観測したとします．この銀河の直径 b が大きいほど，∠CAB(θ) は大きくなります．一方で，同じ直径の銀河までの距離が遠いほど，θは小さくなります．このとき，a，b，θの関係は *tan* です．

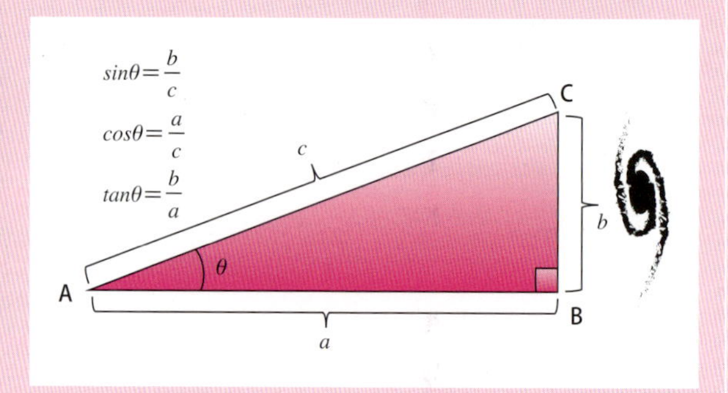

たとえば，b = a × *tan* θ　と書けます．

つぎに，辺の長さから角度θを求めることを考えてみましょう．*sin*，*cos*，*tan* に対して逆の関係なので，それぞれ *asin*（*arcsin* アークサイン：sin^{-1}），*acos*（*arccos* アークコサイン：cos^{-1}），*atan*（*arctan* アークタンジェント：tan^{-1}）と書きます．これも電卓などで計算できます．スマートフォンなどでは通常は *sin* などが表示されているので，2nd，shift，inv などのキーを押すとこの関数が出てきます．

たとえば，$\theta = arctan(\frac{b}{a})$ と書けます．

また，表計算ソフトでは，角度の単位をラジアン（radian）で表すことが多く，180° = 3.14 ラジアン，57°.3 = 1 ラジアンの関係があります．度からラジアンへの変換は RADIANS，逆は DEGREES という関数が用意されています．

見かけの角度が小さい遠い天体の場合は，角度をラジアンで表すと便利です．*sin*，*tan* の値がラジアンの値にほぼ等しくなります．

3

印刷

デジタル画像を解析する過程で，わざわざ紙に印刷することは，それほど多いわけではない．しかし，解析のメモを画像に手書きで残したい場合，プレゼンテーションの準備をしたい場合などのため，マカリには，表示している画像を印刷する機能が用意されている．

1．印刷メニュー

「ファイル(F)」メニューを開くと，印刷に関するメニューが表示される(図 5-54)．「印刷アイコン」をクリックすると，メニューの［印刷(P)］と同じく，すぐに印刷モードに入る．プリンタが「準備完了」と表示されていれば，部数を指定するだけで印刷が実行される．

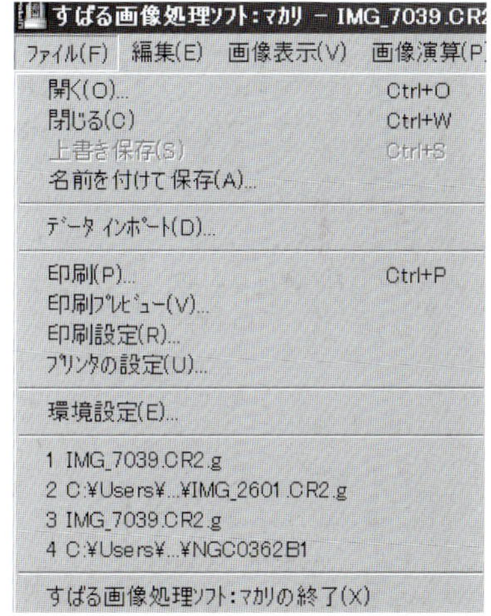

図 5-54 印刷機能メニュー

2．印刷設定

［プリンタの設定(U)...］は，Windows 標準の設定方法が示される．使用するプリンタを選び，印刷用紙のサイズ，印刷方向の縦・横を指定すればよい．プリンタの機種による設定の違いは，プロパティを開いて Windows の環境下で設定をすることになる．

［印刷設定(R)...］は，用紙の向きの縦・横，倍率を指定する．倍率は % で指定し，画像サイズは cm 単位で表示される(図 5-55)．

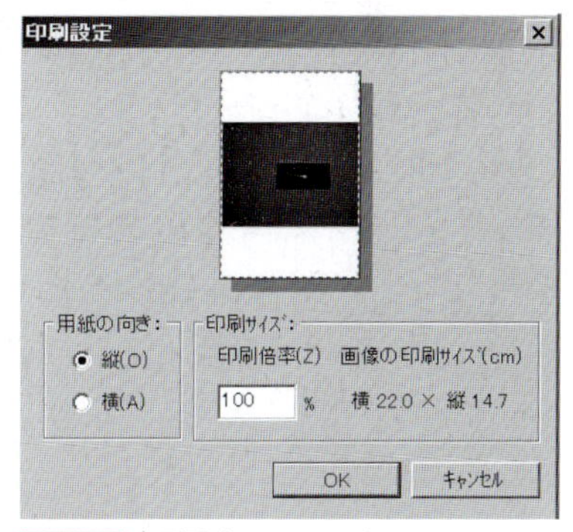

図 5-55 印刷設定ダイアログ

［印刷プレビュー(V)...］では，指定したサイズの用紙に画像が印刷されたときのイメージを表示できる(図 5-56)．いくつかボタンが並んでいるが，以下の内容である．

- 印刷(P)　印刷を実行する
- 設定(S)　印刷設定ダイアログを呼び出す
(用紙方向，印刷倍率の変更)
- ズームイン(I)／ズームアウト(O)プレビュー表示を拡大縮小する．(印刷に影響を与えることはない)
- 閉じる(C)　プレビューを終了する

図 5-56 印刷プレビュー

14

そのほかの機能

マカリには，画像処理の基本操作だけでなく，かなりの高度な機能が備わっている．使う機会は少ないかもしれないが，すべてを活用すれば，プロ級の研究解析にも耐えうるはずである．

1．FITS ヘッダー

「画像情報(I)」から［FITS ヘッダー(H)...］，あるいは［FITS ヘッダー］アイコンのクリックで，FITS 画像のヘッダー内容を表示することができる(図 5-57)．FITS 以外のフォーマットでも，たとえば JPEG は Exif という規格の画像情報を持っている．撮影時刻だけでなく，ISO 感度，シャッタースピード，絞りなど，デジタルカメラでの撮影情報は，ほとんど Exif に埋め込まれているので，撮影時に JPEG と RAW を同時に記録するとよい．マカリでは，FITS ヘッダー以外の情報は見ることができないが，Exif は，パソコンで画像のプロパティを開くと閲覧できる(P.28)．

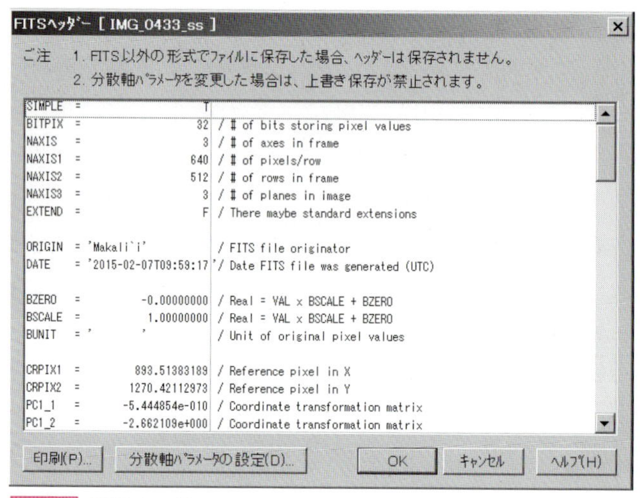

図 5-57　FITS ヘッダー

マカリで，FITS 以外のフォーマットで保存した場合，FITS ヘッダーは保存されない．冷却 CCD カメラで得られた FITS 以外の形式のファイルを読み込んだ場合，同等の情報を FITS ヘッダーとして保持し，FITS フォーマットで「名前を付けて保存」を行うと情報は保存される．

FITS ヘッダーは，画像解析においてさまざまな情報をソフトウェアに受け渡す．データの形式，観測機器の情報，画像処理した履歴も記録される．図 5-57 を例として，よく参照されるヘッダー情報を示す．

BITPIX	= 32	ピクセルの階調段階(32 ビットの整数型データ) 浮動小数点型の場合は，マイナス符号が付けられる．
NAXIS	= 3	二次元の画像の場合は基本的に 2 となるが，RGB のプレーンがある場合は三次元となり 3 となる．
NAXIS1	= 640	横方向に 640 ピクセル
NAXIS2	= 512	縦方向に 512 ピクセル
NAXIS3	= 3	RGB 3 色のプレーンで作られているカラー画像

2. WCSの設定

分散軸パラメータの設定は，p.101でも解説したが，位置情報を埋め込むこともできる．FITSでは，WCS(World coordinate system)と呼ばれる位置情報をヘッダーに記録することができる．これがあると，マカリでマウスカーソルの位置の赤緯・赤経が表示される(図5-58)．

図5-58 WCS表示

「画像情報(I)」から［FITSヘッダー(H)...］,［分散軸パラメータの設定(D)...］を開き，X軸，Y軸に赤緯・赤経のパラメータを設定する(図5-59)．FITSのヘッダーに，次の記載があれば，分散軸の種別が表示されるが，未定義でも構わない．

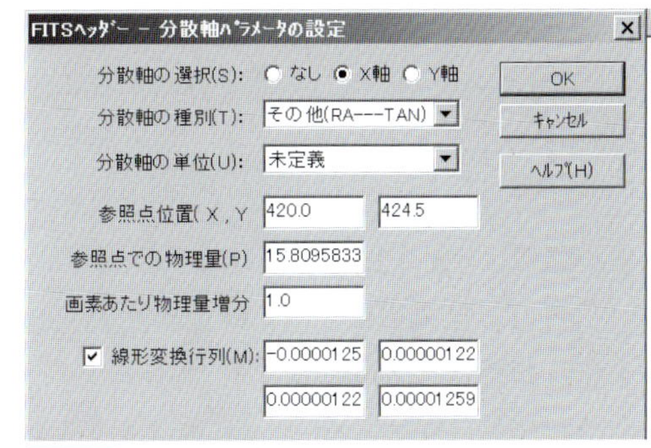

図5-59 WCSの設定

CTYPE1 = 'RA---TAN'

CTYPE2 = 'DEC--TAN'

参照点位置が，画像における位置の原点となり，参照点での物理量がその位置での赤緯・赤経の値となる．画素あたり物理量増分は，1ピクセルあたりの増分を指定する．線形変換行列は，赤緯・赤経に換算するための回転行列値である．ヘッダーにWCSの記録を保存したい場合には，専用のソフトウェアも公開されている[*1]．

3. データインポート

「ファイル(F)」メニューには，「データインポート(D)...」のメニューがある．テーブルデータをFITS画像に変換する機能である．変換するにあたり，いくつかの情報を入力する必要がある．「データを開く」のダイアログから，画像ファイルを指定すると，順次4種類のパラメータ設定ダイアログが表示される(図5-60，図5-61)．これらは，FITSヘッダーで定義される数値の直接入力である．

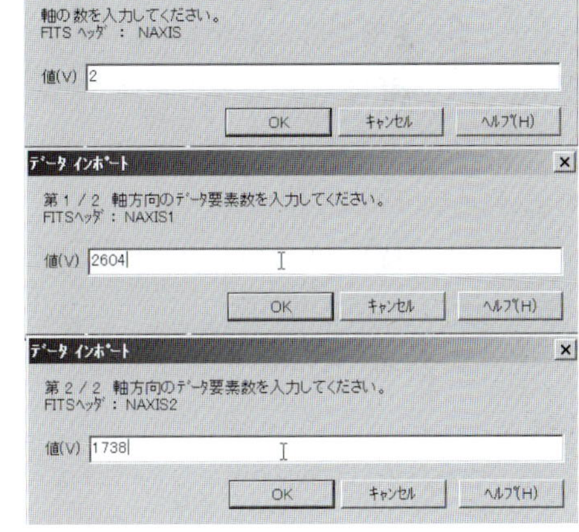

図5-60 データインポート①～③

①軸の数(NAXIS)を入力

②横軸(NAXIS1)のピクセル数を入力

③縦軸(NAXIS2)のピクセル数を入力

④〈物理値への変換係数(BZERO)〉は，画像に変換する際にカウント値0のときの物理値を入力する．〈変換係数(BSCALE)〉は，画像に変換する際の物理量へのスケーリング値を入力する．〈データの種類(K)〉は，撮像データか分光デー

*1 http://tdc-www.harvard.edu/wcstools/wcstools.wcs.html

タを選択する．〈データの配列(E)〉とは，テーブルデータの読み込みの方向の指定で，横並びか縦並びかの選択である．〈データの区切り(D)〉は3通りの指定ができ，〈固定長〉の場合はバイト数，特定の〈文字区切り〉の場合には文字を入力する．〈タブ区切り〉の場合は，チェックするだけでよい．改行の指定は，横並び，縦並びのいずれの配列のときでも，行や列の最後を示す改行コードが含まれているかどうかを選択する．〈ファイル作成者〉の記載が必要であれば，データから画像に変換した人の名前を入力する．

このほかにも，必要に応じてダイアログが出てくるようになっているが，すべてFITSヘッダーの記載事項である．

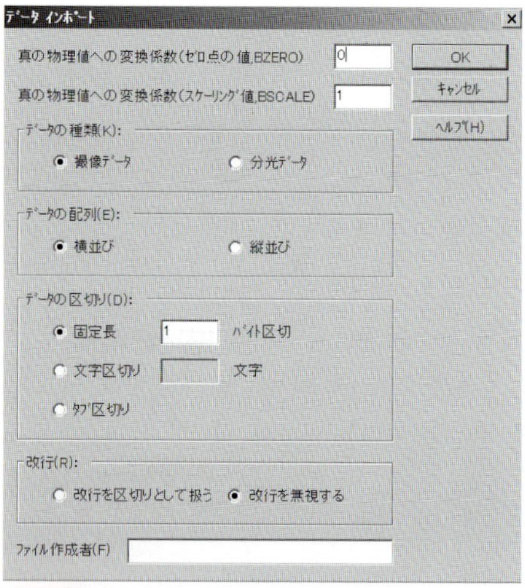

図5-61 データインポート④

4. ヘルプ

「ヘルプ(H)」メニュー(図5-62)，「ヘルプ」アイコン，およびダイアログなどのヘルプを選ぶと，マカリの機能の説明が表示される．

オンライン・ヘルプなので，ネットワークに繋がっている場合にのみ表示される(図5-63)．

「マカリ・ホームページ(P)」を選択すると，マカリの配布サイトのWebページが開く．「マカリについて(A)」を選択すると，バージョン情報が表示される(図5-64)．

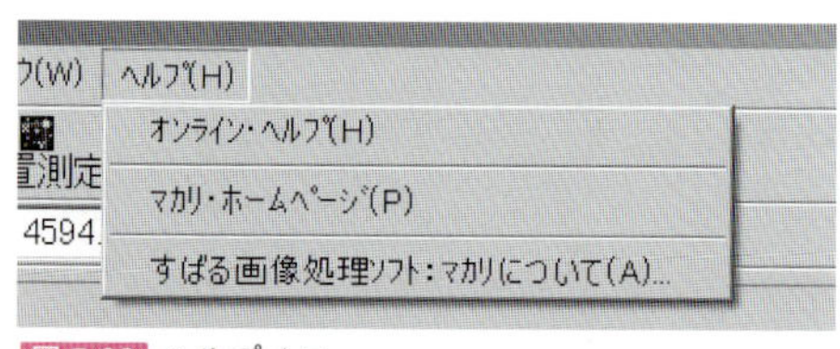

図5-62 ヘルプメニュー

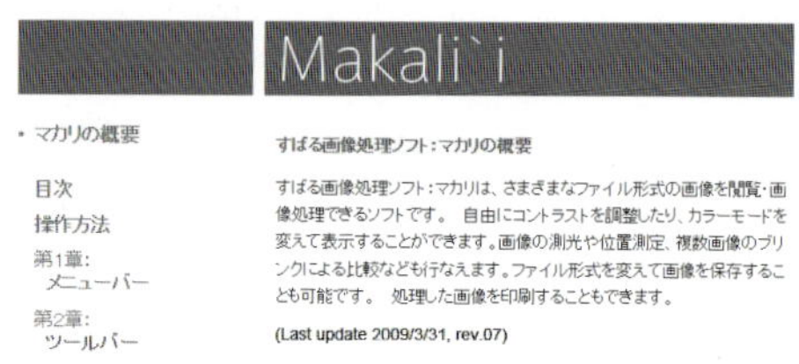

図5-63 オンライン・ヘルプ

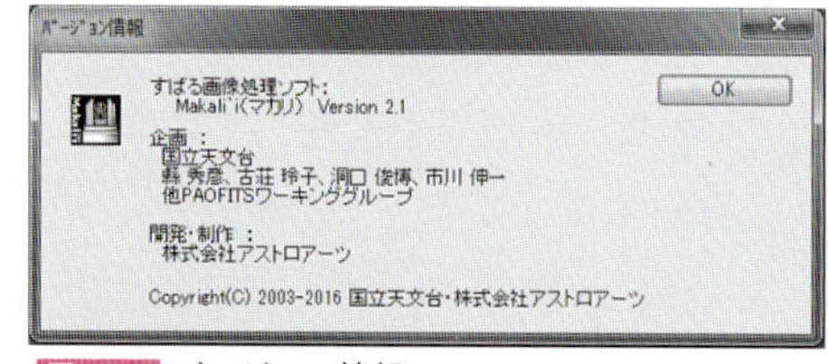

図5-64 バージョン情報

参考文献

- 『最新・月の科学－残された謎を解く』渡部潤一 編　NHK ブックス（2008）
  衛星としての不思議な月の特徴，月について最新の研究成果を紹介

- 『天体観測の教科書 惑星観測編』安達 誠 編　誠文堂新光社（2009）
  惑星のスケッチから高度な撮影テクニック，さらに画像処理まで

- 『天体観測の教科書 太陽観測編』天文ガイド 編　誠文堂新光社（2009）
  簡単な観測から定番の観測方法まで，太陽観測をもれなく紹介

- 『天体観測の教科書 変光星観測編』日本変光星研究会 編　誠文堂新光社（2009）
  さまざまな変光星について，具体的な観測方法について詳しい

- 『彗星の科学－知る・撮る・探る』鈴木文二・秋澤宏樹・菅原 賢　恒星社厚生閣（2013）
  天文学入門から始まり，彗星の初歩的な観測，最新の理論までを解説

- 『天体観望ガイドブック 新版 宇宙をみせて』水野孝雄・縣 秀彦 編　恒星社厚生閣（2013）
  誰でも気軽に星を見るためのさまざまなヒントが満載の入門書

- 『驚きの星空撮影法：デジタル一眼と三脚だけでここまで写る！』谷川正夫　地人書館（2014）
  進化したデジカメで，簡単に天体を撮るためのテクニックが満載

- 『デジタルカメラ昼と夜の空撮影術 プロに学ぶ作例・機材・テクニック』武田康男　アスキー（2015）
  星だけでなく，空を撮ることすべてを，場所の選定から撮影データまでを解説

- 『ポータブル赤道儀で星空写真を撮ろう！』天文ガイド編集部 編　誠文堂新光社（2015）
  ワンランクアップの撮影方法を，最新の機材とともに紹介

- 『宇宙の観測Ⅰ－光・赤外天文学』家 正則他 編　日本評論社（2007）
  プロの解析テクニックが，余すことなく詳しく書かれている

- 『CCD 測光（Web 公開）』大島 修　http://otobs.org/hiki/?ccd_photometry（2015）
  ベテランアマチュアが，経験と理論から測光に関する細かな点までを公開

- 『理科年表』国立天文台 編　丸善出版　毎年出版
  日本語で書かれたもっとも詳しいデータブック

- 『天文年鑑』天文年鑑編集委員会 編　誠文堂新光社　毎年出版
  その年ごとの天文現象を，図を取り入れて解説したデータブック

図表データリスト

図1-1　Panasonic FZ70（Z），1200mm（60倍ズーム），F5.9，左：1/125秒，ISO250，2014-08-11 21:13，右：1/100秒，ISO100，2015-02-03 20:59，トリミング

図1-3　Nikon D5100（S），75mm（50mmレンズ），F8.0，1/30秒，ISO1600，左：2015-01-08 17:28，右：2015-01-13 17:35

図1-5　Canon EOS 5D MKIII（S），18mm，F5.6，10分，ISO320，2014-06-02 20:34，左右トリミング

図1-8　Panasonic FZ70（Z），600mm（30倍ズーム），F5.6，1秒，ISO3200，2015-02-03 21:13，トリミング

図1-12　Canon EOS 6D（S），300mm，F4.0，1秒，ISO6400，2014-01-27 19:03

図1-17　RICOH PENTAX K-5（S），43mm（28mmレンズ），F2.0，15秒，ISO3200，2014-07-29 02:19，GPS自動追尾，トリミング

図1-20　Nikon COOLPIX P90（Z），624mm（24倍ズーム），F5.6，1/400秒，ISO64，左：2014-12-17 14:55，右：2014-12-25 13:26，1/100,000太陽観測用フィルター使用，トリミング

図1-24　Canon EOS 5D MKII（S），530mm，F3.3，1秒，ISO250，2011-12-11 00:23，赤道儀同架，トリミング

図4-1　Canon EOS 50D（S），320mm（200mmズームレンズ），F6.7，1/8秒，ISO2000，左:2015-04-22 18:14，右:2015-04-22 23:07，赤道儀同架，トリミング

図4-5　Canon EOS 6D（S），200mm，F2.8，1秒，ISO6400，2015-01-13 17:20

図4-16　Canon EOS 50D（S），216mm（135mmレンズ），F4.0，15秒，ISO1000，2014-11-22 18:48，赤道儀同架，トリミング

図4-22　RICOH PENTAX K-x（S），912mm（望遠鏡直焦点，f = 600mm），F7.5，10秒，ISO3200，2013-11-01 23:11，赤道儀同架

図4-26　埼玉県立豊岡高校天文部，「デジタルカメラによるCM図の作成と距離の推定」，2014年日本天文学会春季年会ジュニアセッション講演予稿集，pp.168-169
http://ursa.phys.kyushu-u.ac.jp/jsession/2014haru/yokou2014/80.pdf

図4-27　Nikon COOLPIX P90（Z），1997mm（77倍ズーム），F5.0，1/346秒，ISO64，2014-10-24 11:00，1/100,000太陽観測用フィルターシート使用，トリミング

図4-28　Nikon D300（S），750mm（500mmレンズ），F8.0，1/2000秒，ISO200，2014-12-18 11:46，1/100,000太陽観測用フィルターシート使用，トリミング，艶島敬昭氏撮影

図4-34　Canon EOS 50D（S），1312mm（望遠鏡直焦点，f = 820mm），F8.2，1/3000秒，ISO64，2012-06-06 12:05，1/10000太陽観測用フィルターシート使用

図4-43　Charlene & Robert Key/Adam Block/NOAO/AURA/NSF

図4-51　RICOH PENTAX K-5（S），1520mm（望遠鏡直焦点，f = 1000mm），F7.7，30秒，ISO3200，2015-01-07 18:02，赤道儀同架

図5-5，図5-7，図5-26，図5-27，図5-41：国立天文台提供

デジタルカメラの撮影データの見方

カメラ機種（カメラ種別，Z：ズームレンズ付コンパクトカメラ，S：一眼レフカメラ），35mm判換算焦点距離（ズーム倍率，使用レンズなど），絞り，露出時間，ISO感度，撮影日時，備考

おわりに

地球がもし宇宙の中を動いているのなら私たちは地面の上に立っていられるはずがないではないか，と思っていたら，太陽のまわりを回っていることがわかってしまいました．星はみんな丸い空に張り付いているものと思っていたら，それぞれの距離がしだいに明らかになり，アンドロメダ星雲はとんでもなく遠くにあることがわかってしまいました．

宇宙のことが知りたいという天文学者の研究の積み重ねによって，今では多くのことが明らかになってきています．惑星その他，さまざまな天体が回っている太陽系の姿，太陽のなかまである恒星たちが形作る銀河系の姿，そしてさまざまな銀河が織りなす大きな連なり…，このような宇宙の構造が明らかとなってきただけではなく，この宇宙は現在もダイナミックな変化を続けている世界であることもわかってきています．

太陽表面で見られる活動現象は私たちの地球にも大きな影響を及ぼしますし，さまざまな恒星や星雲の性質を調べれば，太陽を含む星たちがどのように生まれ，死んでいくのかも知ることができます．太陽系の果てから近づいてきて華麗な姿を見せる彗星のようすを調べれば，太陽系がどのようにできてきたかの手がかりを得ることもできます．

現在私たちは，もうひとつ別の意味で画期的な変化の時代に遭遇しています．半導体技術の発達によるデジタル写真の革命は，10 年前にはプロの天文学者でも簡単には得られなかったような画像を，一般の人々が市販のカメラで撮影することを可能にしてくれました．

天文学の世界というと，以前はさまざまな書物でその描き出す宇宙の姿を想像し，図鑑や写真集でその美しさに感動するくらいがせいぜいでしたが，現在は違います．自分自身の撮影した写真でその姿を確認し，さらにはその写真を自分で調べることによって，実際の天文学の世界を研究者と同じように体験することができるのです．

本書で紹介しているソフト「マカリ」はきっとその手助けをしてくれることでしょう．あなた自身が新たな発見をすることも不可能ではありません．本書に書かれている「マカリ」の利用例はそのヒントでしかありませんが，それらが皆さんを新しい天文学の世界へいざなう手助けとなれば幸いです．最後に，本書を作るにあたって観測，執筆に奮闘されました著者の皆さん，そして，個性豊かな原稿につきあい，粘り強く編集作業にあたっていただいた恒星社厚生閣の白石佳織さんに感謝いたします．

2015 年白露

洞口俊博

●著者紹介（五十音順） ※編者

大西　浩次（おおにし　こうじ）担当：1 章 -3, 8
博士（理学），長野工業高等専門学校一般科教授．国際天文学連合会員，日本天文学会，天文教育普及研究会，日本天文協議会運営委員など．重力レンズ効果を使った系外惑星探査を行う．30 年来，星景写真を撮影し，現在，日本星景写真協会副会長でもある．

金光　　理（かなみつ　おさむ）担当：3 章
福岡教育大学教授．天文データフォーマットの標準規格である FITS フォーマットを策定する IAU（国際天文連合）の FITS ワーキンググループメンバー．教育大勤務ということから，天文教育にも力を入れており，小学校への出前授業や一般市民向けの観望会もこなしている．

※**鈴木　文二**（すずき　ぶんじ）担当：1 章 -5，2 章，3 章，4 章 -2，5 章
埼玉県立春日部女子高等学校教諭．元 NHK 高校講座・地学講師．専門は太陽系天文学．著書として『彗星の科学』（恒星社厚生閣），『新・天文学入門』（岩波ジュニア新書）などがある．また，理科教科書『理科の世界』（大日本図書），『地学基礎』（第一学習社）の執筆者として，天文・地学教育にも力も入れている．

畠　　浩二（はた　こうじ）担当：2 章，3 章，4 章 -7
岡山商科大学附属高等学校主幹教諭．天文には中学生のころより興味を持つ．勤務校では，学校設定科目として天文の授業を開講．自然科学部を立ち上げる．岡山県の生涯学習センター「人と科学の未来館サイピア」の子ども天文教室の講師のほか，岡山市立犬島自然の家での天文イベントでは講師を務めるなど幅広く活動している．

原　　　正（はら　ただし）担当：1 章 -2, 6，4 章 -4, 8
埼玉県立豊岡高等学校教諭．埼玉県の公立高校で地学，物理，生物の授業を担当してきた．天文部顧問．とにかく宇宙の初期（遠いところ）が大好きで，素粒子論的宇宙論の教材化には長く取り組んでいる．気象予報士．

古荘　玲子（ふるしょう　れいこ）担当：5 章
都留文科大学非常勤講師および国立天文台特別客員研究員．専門は，彗星を主とした太陽系小天体の観測的研究．三鷹の杜で観測をしながら除夜の鐘を聴いたことも度々．2001 年頃より PAOFITS に参加し，マカリ開発には初期から携わる．

※**洞口　俊博**（ほらぐち　としひろ）担当：1 章 -1, 4，4 章 -1
国立科学博物館理工学研究部勤務．ジャコビニ流星群で天体観測に目覚め，仙台天文同好会で薫陶を受ける．恒星大気の分光観測やすばる望遠鏡のデータアーカイブシステムの開発に携わっていると思ったら，いつの間にか研究観測画像を用いた天文教材開発グループ PAOFITS の世話人になり，首まで浸かっていた．

松本　榮次（まつもと　えいじ）担当：4 章 -6
兵庫県西宮市立段上西小学校教諭として理科専科を担当．マカリを使って実践する．ALCAT（Astronomy Live Camera And Telescope）を活用して昼間の授業で星空をリアルタイムに観察する学習の研究を行っている．近隣の小学校等で毎年天体観察会も実施．

山村　秀人（やまむら　ひでひと）担当：1 章 -7，4 章 -3, 5
天野川天体観測所（私設）で，星食・接食・小惑星による恒星食などの食現象と太陽を中心に観測している元高校地学教師．池谷・関彗星（C/1965 S1）以来の天文人生．2004 年から FITS 画像を使った天文実習教材作りに参加．現在，NPO 花山星空ネットワークの星案内ボランティアとして活躍中．

索引

あなたもできるデジカメ天文学

“マカリ”パーフェクト・マニュアル

鈴木文二・洞口俊博 編

2015年11月15日　初版1刷発行
2017年 2 月 5 日　　3刷発行

発行者　片岡 一成
印刷・製本　株式会社ディグ
発行所　株式会社恒星社厚生閣
〒160-0008 東京都新宿区三栄町8
TEL：03（3359）7371
FAX：03（3359）7375
http://www.kouseisha.com/

©B.Suzuki, T.Horaguchi, 2017 printed in Japan

ISBN978-4-7699-1575-1　C1044
（定価はカバーに表示）

JCOPY <（社）出版者著作権管理機構　委託出版物>
本書の無断複写は著作権上での例外を除き禁じられています.
複写される場合は，その都度事前に，（社）出版社著作権管理機構（電話03-3513-6969，FAX03-3513-6979，e-maili:info@jcopy.or.jp）の許諾を得て下さい.